U0386812

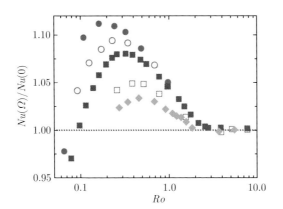

图 1.4 旋转 RBC 系统的传热特性[97]

$Pr = 4.38$，红色实心圆圈：$Ra = 5.6 \times 10^8$；黑色空心圆圈：$Ra = 1.2 \times 10^8$；紫色实心方块：$Ra = 2.26 \times 10^9$；蓝色空心方块：$Ra = 8.9 \times 10^9$；绿色实心菱形：$Ra = 1.8 \times 10^{10}$

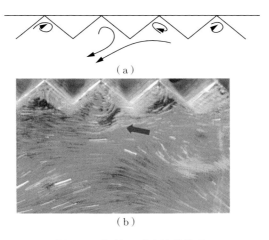

（a）

（b）

图 1.6 粗糙元对流体的作用

（a）粗糙元附近的流场示意图；（b）利用 TLC 可视化靠近冷却板附近的温度场
红棕色代表温度较低流体，蓝绿色代表温度较高流体，系统 $Ra = 2.6 \times 10^9$，所展示的区域面积约为 $7\mathrm{cm} \times 4\mathrm{cm}$[118]

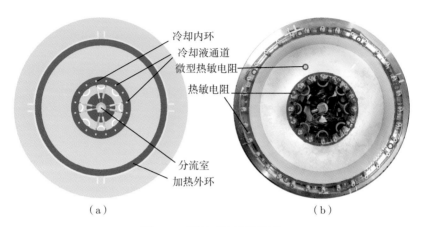

（a）　　　　　　　　　　　　（b）

图 2.2　圆环对流槽结构图

（a）圆环对流槽系统的俯视截面图；（b）圆环对流槽的实物俯视照片

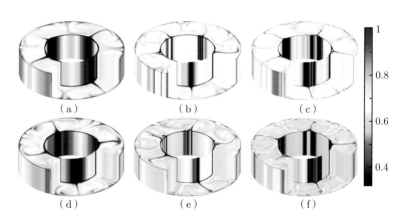

（a）　　　　　　（b）　　　　　　（c）

（d）　　　　　　（e）　　　　　　（f）

图 3.2　离心力随半径变化对系统流动特性的影响

采用恒定人工力的算例（第二排）和采用真实离心力的算例（第一排）的瞬时温度场对比，（a）和（d）：$Ra = 10^6$；（b）和（e）：$Ra = 10^7$；（c）和（f）$Ra = 10^8$

图中对于 $Ra = 10^6$ 和 10^7，内、外圆环面距冷却加热壁面距离 $0.05L$，而对于 $Ra = 10^8$ 时的距离为 $0.02L$，六幅图共享相同的色标，其他参数为 $Ro^{-1} = 25$，$Pr = 4.3$ 和 $\eta = 0.5$

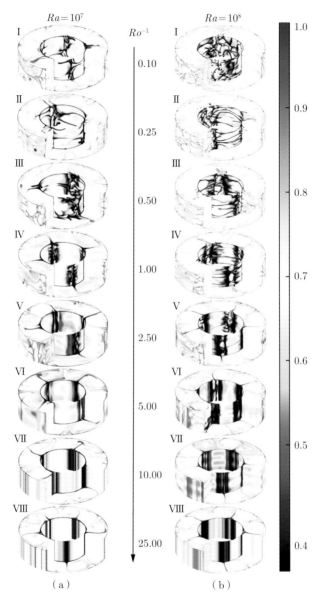

图 3.5　数值模拟得到的瞬时温度场

（a）$Ra = 10^7$；（b）$Ra = 10^8$

对于 $Ra = 10^7$，内、外圆环面距冷却加热壁面的距离为 $0.05L$，而对于 $Ra = 10^8$ 距离为 $0.02L$，所有温度场共享相同的色标，其他参数为 $Pr = 4.3$ 和 $\eta = 0.5$

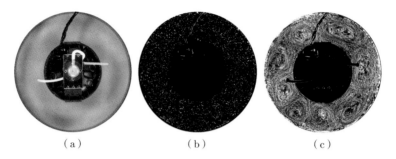

图 3.11 条纹图法处理方法

（a）利用 CCD 相机拍摄得到的原始照片，实验参数为 $Ra = 1.4 \times 10^9$，$Pr = 31.9$，$Ro^{-1} = 15.2$；（b）根据原始照片处理得到的二值图，白色区域展示了示踪粒子的位置和形状；（c）叠加 40 张连续的二值图得到的条纹图，展示了对流涡的流动结构

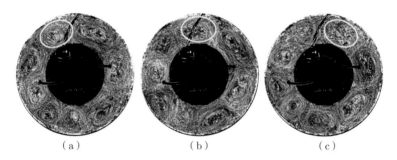

图 3.12 条纹图法流动显示流场结构图

图中黄色椭圆标记了其中一个对流涡，实验参数为 $Ra = 1.4 \times 10^9$，$Pr = 31.9$，$Ro^{-1} = 15.2$

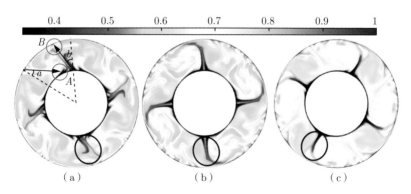

图 3.14 不同时刻的瞬时温度场

背景旋转方向为顺时针，三张图共享色标，其他参数为 $Ra = 10^7$，

$$Pr = 4.3, \quad Ro^{-1} = 1$$

（a）时刻一；（b）时刻二；（c）时刻三

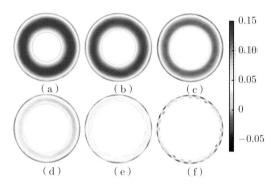

图 3.16 平均周向速度场

（a）$\eta = 0.4$；（b）$\eta = 0.5$；（c）$\eta = 0.6$；（d）$\eta = 0.7$；（e）$\eta = 0.8$；（f）$\eta = 0.9$ 六张图共享
色标，其他参数为 $Ra = 10^7$，$Pr = 4.3$，$Ro^{-1} = 1$

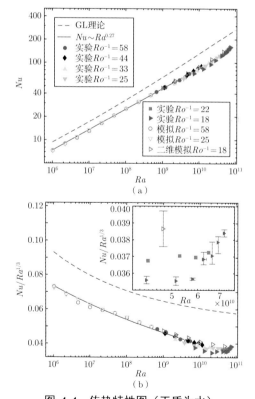

图 4.4 传热特性图（工质为水）

（a）Nu 随 Ra 的变化关系；（b）$Nu/Ra^{1/3}$ 随 Ra 的变化关系

实心符号为实验数据，空心符号为数值模拟数据，虚线是经典 RBC 系统中 GL 理论的预测值，实线
为 Ra 为 $10^6 \sim 10^{10}$ 的拟合结果

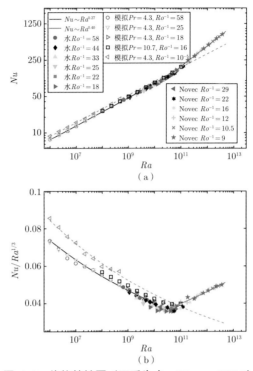

(a)

(b)

图 4.6 传热特性图（工质为水、Novec 7200）

（a）Nu 随 Ra 的变化关系；（b）$Nu/Ra^{1/3}$ 随 Ra 的变化关系

图中实心符号为实验数据，空心符号为数值模拟数据，黑色实线为 Ra 为 $10^6 \sim 10^{10}$ 的拟合结果，
蓝色实线为 Ra 为 $5 \times 10^{10} \sim 3.7 \times 10^{12}$ 的拟合结果，紫红色虚线为无科里奥利力作用时的数据的
拟合外推。为了消除 Novec 7200 与水的 Pr 的差异的影响，Novec 7200 的 Nu 利用公式
$Nu/(Pr_{\mathrm{Nov}}/4.3)^{-0.03}$ 进行修正[59]

图 4.10 利用条纹图法流动显示技术得到的典型流场结构图

图中螺旋线用于标注对流涡，实验参数为 $Ra = 8.2 \times 10^{11}$，$Pr = 10.3$，$Ro^{-1} = 8.8$

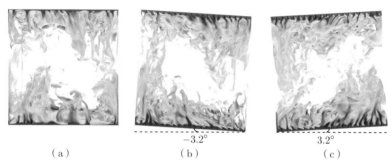

图 5.13　温度场的三维体绘制

（a）光滑系统；（b）情形 A；（c）情形 B

红色代表高温流体，蓝色代表低温流体，其他参数为 $Ra = 5.7 \times 10^9$，$Pr = 4.3$

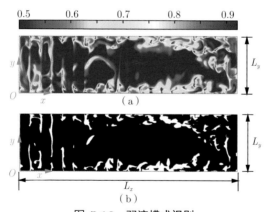

图 5.16　羽流模式识别

（a）沿 x-y 截面温度场俯视图；（b）根据 van der Poel 等[82] 采用的方法对图（a）的温度场处理得到的羽流模式图

该截面位于 $z/L_z = 0.028$，对应 $Ra = 5.7 \times 10^9$，情形 A

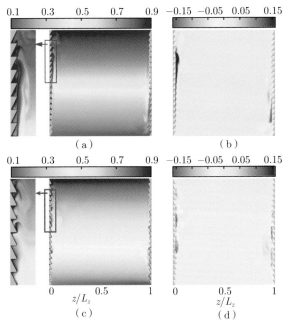

图 6.9 数值模拟得到的瞬时温度场

左侧的插图为贴近壁面的局部放大图（a）情形 A，（c）情形 B；瞬时竖直速度场 (u_x)：
（b）情形 A；（d）情形 B

四张图大尺度环流方向均为顺时针，其他参数为 $Ra = 5.7 \times 10^9$, $Pr = 4.3$

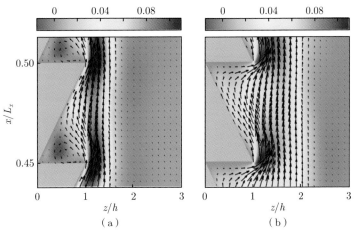

图 6.11 叠加速度矢量的时间平均竖直速度场

（a）情形 A；（b）情形 B

所选区域为加热板的正中央，其他参数为 $Ra = 5.7 \times 10^9$, $Pr = 4.3$

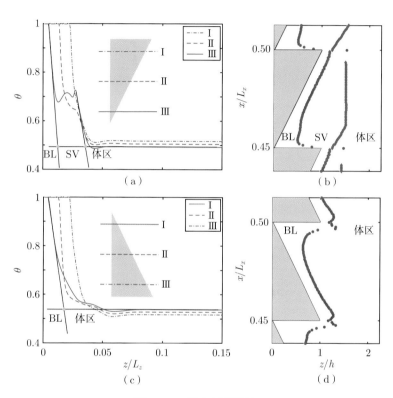

图 6.12　温度剖面特性

时间平均温度剖面：（a）情形 A，（c）情形 B，所选棘齿靠近加热板的中线，图中实线、虚线和点画线分别代表靠近棘齿尖端、中部和根部位置的温度剖面；时间平均的局部温度边界层厚度 (红色圆圈)，二次涡区域厚度（蓝色菱形）；（b）情形 A，（d）情形 B，展示区域位于加热板的中央附近；其他参数为 $Ra = 5.7 \times 10^9$，$Pr = 4.3$。图中缩写的含义分别为 BL：边界层（boundary layers），SV：二次涡（secondary vortex）

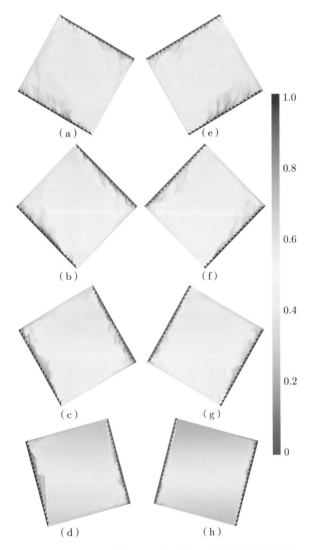

图 **7.3** 情形 **A** 和情形 **B** 的瞬时温度场随倾角的变化

（a）情形 A，$|\beta| = 30°$；（b）情形 A，$|\beta| = 45°$；（c）情形 A，$|\beta| = 60°$；（d）情形 A，$|\beta| = 75°$；（e）情形 B，$|\beta| = 30°$；（f）情形 B，$|\beta| = 45°$；（g）情形 B，$|\beta| = 60°$；（h）情形 A，$|\beta| = 75°$

其他参数为 $Ra = 5.7 \times 10^9$，$Pr = 4.3$，$\Gamma = 1$

清华大学优秀博士学位论文丛书

旋转超重力和非对称表面结构对热湍流的影响

蒋河川 (Jiang Hechuan) 著

Effects of Rotational Hypergravity
and Asymmetric Wall Roughness on Thermal Turbulence

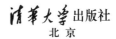
清华大学出版社
北京

内 容 简 介

为了研究超高瑞利数湍流热对流现象，本书提出以高速旋转产生的极强离心力代替重力来驱动热对流，以此搭建旋转超重力热湍流实验平台，研究了旋转超重力热湍流系统的传热与流动特性，并在实验中实现了对湍流终极区间和纬向流的直接测量。同时，利用"费曼棘齿"结构打破了热对流系统的对称性，发现系统存在两种差异巨大的流动状态且对应不同的传热效率，揭示了相应的物理机理并提出了利用棘齿的流动传热主动控制方法。

本书可供能源动力、航空航天、石油化工、天体物理等相关领域学者参考。

图书在版编目（CIP）数据

旋转超重力和非对称表面结构对热湍流的影响 / 蒋河川著.—北京：清华大学出版社，2023.9

（清华大学优秀博士学位论文丛书）

ISBN 978-7-302-63423-2

Ⅰ．①旋… Ⅱ．①蒋… Ⅲ．①湍流-流体动力学-研究 Ⅳ．①O357.5

中国国家版本馆 CIP 数据核字（2023）第 092312 号

责任编辑：戚 亚
封面设计：傅瑞学
责任校对：赵丽敏
责任印制：沈 露

出版发行：清华大学出版社
网　　址：http://www.tup.com.cn，http://www.wqbook.com
地　　址：北京清华大学学研大厦 A 座　　　邮　编：100084
社 总 机：010-83470000　　　　　　　　邮　购：010-62786544
投稿与读者服务：010-62776969，c-service@tup.tsinghua.edu.cn
质量反馈：010-62772015，zhiliang@tup.tsinghua.edu.cn
印 装 者：三河市东方印刷有限公司
经　　销：全国新华书店
开　　本：155mm×235mm　印　张：10.75　插　页：5　字　数：192 千字
版　　次：2023 年 9 月第 1 版　　　　　印　次：2023 年 9 月第 1 次印刷
定　　价：89.00 元

产品编号：097347-01

一流博士生教育
体现一流大学人才培养的高度（代丛书序）^①

　　人才培养是大学的根本任务。只有培养出一流人才的高校，才能够成为世界一流大学。本科教育是培养一流人才最重要的基础，是一流大学的底色，体现了学校的传统和特色。博士生教育是学历教育的最高层次，体现出一所大学人才培养的高度，代表着一个国家的人才培养水平。清华大学正在全面推进综合改革，深化教育教学改革，探索建立完善的博士生选拔培养机制，不断提升博士生培养质量。

学术精神的培养是博士生教育的根本

　　学术精神是大学精神的重要组成部分，是学者与学术群体在学术活动中坚守的价值准则。大学对学术精神的追求，反映了一所大学对学术的重视、对真理的热爱和对功利性目标的摒弃。博士生教育要培养有志于追求学术的人，其根本在于学术精神的培养。

　　无论古今中外，博士这一称号都和学问、学术紧密联系在一起，和知识探索密切相关。我国的博士一词起源于 2000 多年前的战国时期，是一种学官名。博士任职者负责保管文献档案、编撰著述，须知识渊博并负有传授学问的职责。东汉学者应劭在《汉官仪》中写道："博者，通博古今；士者，辩于然否。"后来，人们逐渐把精通某种职业的专门人才称为博士。博士作为一种学位，最早产生于 12 世纪，最初它是加入教师行会的一种资格证书。19 世纪初，德国柏林大学成立，其哲学院取代了以往神学院在大学中的地位，在大学发展的历史上首次产生了由哲学院授予的哲学博士学位，并赋予了哲学博士深层次的教育内涵，即推崇学术自由、创造新知识。哲学博士的设立标志着现代博士生教育的开端，博士则被定义为

---

① 本文首发于《光明日报》，2017 年 12 月 5 日。

独立从事学术研究、具备创造新知识能力的人，是学术精神的传承者和光大者。

博士生学习期间是培养学术精神最重要的阶段。博士生需要接受严谨的学术训练，开展深入的学术研究，并通过发表学术论文、参与学术活动及博士论文答辩等环节，证明自身的学术能力。更重要的是，博士生要培养学术志趣，把对学术的热爱融入生命之中，把捍卫真理作为毕生的追求。博士生更要学会如何面对干扰和诱惑，远离功利，保持安静、从容的心态。学术精神，特别是其中所蕴含的科学理性精神、学术奉献精神，不仅对博士生未来的学术事业至关重要，对博士生一生的发展都大有裨益。

独创性和批判性思维是博士生最重要的素质

博士生需要具备很多素质，包括逻辑推理、言语表达、沟通协作等，但是最重要的素质是独创性和批判性思维。

学术重视传承，但更看重突破和创新。博士生作为学术事业的后备力量，要立志于追求独创性。独创意味着独立和创造，没有独立精神，往往很难产生创造性的成果。1929 年 6 月 3 日，在清华大学国学院导师王国维逝世二周年之际，国学院师生为纪念这位杰出的学者，募款修造"海宁王静安先生纪念碑"，同为国学院导师的陈寅恪先生撰写了碑铭，其中写道："先生之著述，或有时而不章；先生之学说，或有时而可商；惟此独立之精神，自由之思想，历千万祀，与天壤而同久，共三光而永光。"这是对于一位学者的极高评价。中国著名的史学家、文学家司马迁所讲的"究天人之际，通古今之变，成一家之言"也是强调要在古今贯通中形成自己独立的见解，并努力达到新的高度。博士生应该以"独立之精神、自由之思想"来要求自己，不断创造新的学术成果。

诺贝尔物理学奖获得者杨振宁先生曾在 20 世纪 80 年代初对到访纽约州立大学石溪分校的 90 多名中国学生、学者提出："独创性是科学工作者最重要的素质。"杨先生主张做研究的人一定要有独创的精神、独到的见解和独立研究的能力。在科技如此发达的今天，学术上的独创性变得越来越难，也愈加珍贵和重要。博士生要树立敢为天下先的志向，在独创性上下功夫，勇于挑战最前沿的科学问题。

批判性思维是一种遵循逻辑规则、不断质疑和反省的思维方式，具有批判性思维的人勇于挑战自己，敢于挑战权威。批判性思维的缺乏往往被认为是中国学生特有的弱项，也是我们在博士生培养方面存在的一个普遍问题。2001 年，美国卡内基基金会开展了一项"卡内基博士生教育创新计划"，针对博士生教育进行调研，并发布了研究报告。该报告指出：在美国和欧洲，培养学生保持批判而质疑的眼光看待自己、同行和导师的观点同样非常不容易，批判性思维的培养必须成为博士生培养项目的组成部分。

对于博士生而言，批判性思维的养成要从如何面对权威开始。为了鼓励学生质疑学术权威、挑战现有学术范式，培养学生的挑战精神和创新能力，清华大学在 2013 年发起"巅峰对话"，由学生自主邀请各学科领域具有国际影响力的学术大师与清华学生同台对话。该活动迄今已经举办了 21 期，先后邀请 17 位诺贝尔奖、3 位图灵奖、1 位菲尔兹奖获得者参与对话。诺贝尔化学奖得主巴里·夏普莱斯（Barry Sharpless）在 2013 年 11 月来清华参加"巅峰对话"时，对于清华学生的质疑精神印象深刻。他在接受媒体采访时谈道："清华的学生无所畏惧，请原谅我的措辞，但他们真的很有胆量。"这是我听到的对清华学生的最高评价，博士生就应该具备这样的勇气和能力。培养批判性思维更难的一层是要有勇气不断否定自己，有一种不断超越自己的精神。爱因斯坦说："在真理的认识方面，任何以权威自居的人，必将在上帝的嬉笑中垮台。"这句名言应该成为每一位从事学术研究的博士生的箴言。

提高博士生培养质量有赖于构建全方位的博士生教育体系

一流的博士生教育要有一流的教育理念，需要构建全方位的教育体系，把教育理念落实到博士生培养的各个环节中。

在博士生选拔方面，不能简单按考分录取，而是要侧重评价学术志趣和创新潜力。知识结构固然重要，但学术志趣和创新潜力更关键，考分不能完全反映学生的学术潜质。清华大学在经过多年试点探索的基础上，于 2016 年开始全面实行博士生招生"申请–审核"制，从原来的按照考试分数招收博士生，转变为按科研创新能力、专业学术潜质招收，并给予院系、学科、导师更大的自主权。《清华大学"申请–审核"制实施办法》明晰了导师和院系在考核、遴选和推荐上的权力和职责，同时确定了规范的流程及监管要求。

在博士生指导教师资格确认方面，不能论资排辈，要更看重教师的学术活力及研究工作的前沿性。博士生教育质量的提升关键在于教师，要让更多、更优秀的教师参与到博士生教育中来。清华大学从 2009 年开始探索将博士生导师评定权下放到各学位评定分委员会，允许评聘一部分优秀副教授担任博士生导师。近年来，学校在推进教师人事制度改革过程中，明确教研系列助理教授可以独立指导博士生，让富有创造活力的青年教师指导优秀的青年学生，师生相互促进、共同成长。

在促进博士生交流方面，要努力突破学科领域的界限，注重搭建跨学科的平台。跨学科交流是激发博士生学术创造力的重要途径，博士生要努力提升在交叉学科领域开展科研工作的能力。清华大学于 2014 年创办了"微沙龙"平台，同学们可以通过微信平台随时发布学术话题，寻觅学术伙伴。3 年来，博士生参与和发起"微沙龙"12 000 多场，参与博士生达38 000 多人次。"微沙龙"促进了不同学科学生之间的思想碰撞，激发了同学们的学术志趣。清华于 2002 年创办了博士生论坛，论坛由同学自己组织，师生共同参与。博士生论坛持续举办了 500 期，开展了 18 000 多场学术报告，切实起到了师生互动、教学相长、学科交融、促进交流的作用。学校积极资助博士生到世界一流大学开展交流与合作研究，超过60% 的博士生有海外访学经历。清华于 2011 年设立了发展中国家博士生项目，鼓励学生到发展中国家亲身体验和调研，在全球化背景下研究发展中国家的各类问题。

在博士学位评定方面，权力要进一步下放，学术判断应该由各领域的学者来负责。院系二级学术单位应该在评定博士论文水平上拥有更多的权力，也应担负更多的责任。清华大学从 2015 年开始把学位论文的评审职责授权给各学位评定分委员会，学位论文质量和学位评审过程主要由各学位分委员会进行把关，校学位委员会负责学位管理整体工作，负责制度建设和争议事项处理。

全面提高人才培养能力是建设世界一流大学的核心。博士生培养质量的提升是大学办学质量提升的重要标志。我们要高度重视、充分发挥博士生教育的战略性、引领性作用，面向世界、勇于进取，树立自信、保持特色，不断推动一流大学的人才培养迈向新的高度。

邱勇

清华大学校长

2017 年 12 月 5 日

丛书序二

以学术型人才培养为主的博士生教育，肩负着培养具有国际竞争力的高层次学术创新人才的重任，是国家发展战略的重要组成部分，是清华大学人才培养的重中之重。

作为首批设立研究生院的高校，清华大学自 20 世纪 80 年代初开始，立足国家和社会需要，结合校内实际情况，不断推动博士生教育改革。为了提供适宜博士生成长的学术环境，我校一方面不断地营造浓厚的学术氛围，一方面大力推动培养模式创新探索。我校从多年前就已开始运行一系列博士生培养专项基金和特色项目，激励博士生潜心学术、锐意创新，拓宽博士生的国际视野，倡导跨学科研究与交流，不断提升博士生培养质量。

博士生是最具创造力的学术研究新生力量，思维活跃，求真求实。他们在导师的指导下进入本领域研究前沿，吸取本领域最新的研究成果，拓宽人类的认知边界，不断取得创新性成果。这套优秀博士学位论文丛书，不仅是我校博士生研究工作前沿成果的体现，也是我校博士生学术精神传承和光大的体现。

这套丛书的每一篇论文均来自学校新近每年评选的校级优秀博士学位论文。为了鼓励创新，激励优秀的博士生脱颖而出，同时激励导师悉心指导，我校评选校级优秀博士学位论文已有 20 多年。评选出的优秀博士学位论文代表了我校各学科最优秀的博士学位论文的水平。为了传播优秀的博士学位论文成果，更好地推动学术交流与学科建设，促进博士生未来发展和成长，清华大学研究生院与清华大学出版社合作出版这些优秀的博士学位论文。

感谢清华大学出版社，悉心地为每位作者提供专业、细致的写作和出版指导，使这些博士论文以专著方式呈现在读者面前，促进了这些最新的优秀研究成果的快速广泛传播。相信本套丛书的出版可以为国内外各相关领域或交叉领域的在读研究生和科研人员提供有益的参考，为相关学科领域的发展和优秀科研成果的转化起到积极的推动作用。

感谢丛书作者的导师们。这些优秀的博士学位论文，从选题、研究到成文，离不开导师的精心指导。我校优秀的师生导学传统，成就了一项项优秀的研究成果，成就了一大批青年学者，也成就了清华的学术研究。感谢导师们为每篇论文精心撰写序言，帮助读者更好地理解论文。

感谢丛书的作者们。他们优秀的学术成果，连同鲜活的思想、创新的精神、严谨的学风，都为致力于学术研究的后来者树立了榜样。他们本着精益求精的精神，对论文进行了细致的修改完善，使之在具备科学性、前沿性的同时，更具系统性和可读性。

这套丛书涵盖清华众多学科，从论文的选题能够感受到作者们积极参与国家重大战略、社会发展问题、新兴产业创新等的研究热情，能够感受到作者们的国际视野和人文情怀。相信这些年轻作者们勇于承担学术创新重任的社会责任感能够感染和带动越来越多的博士生，将论文书写在祖国的大地上。

祝愿丛书的作者们、读者们和所有从事学术研究的同行们在未来的道路上坚持梦想，百折不挠！在服务国家、奉献社会和造福人类的事业中不断创新，做新时代的引领者。

相信每一位读者在阅读这一本本学术著作的时候，在吸取学术创新成果、享受学术之美的同时，能够将其中所蕴含的科学理性精神和学术奉献精神传播和发扬出去。

清华大学研究生院院长

2018 年 1 月 5 日

导师序言

　　本书成书之时恰逢欧洲能源危机、国内电力紧张之际，能源作为现代社会的基石，深刻影响着人类社会的生产、生活。本书围绕能源电力、动力装备、航空航天等工程科学，以及天体物理等自然现象过程中的热流科学问题展开，发现了新的现象并揭示了其物理机制，体现出研究工作的重要价值。非常感谢清华大学和清华大学出版社的支持，使作者的博士学位论文能够入选"清华大学优秀博士学位论文丛书"项目。本人也非常荣幸为本书作序，为相关读者推荐本书。

　　节能减排、绿色发展在现代社会发展中扮演着越来越重要的角色。统计资料表明，我国在工业、电力、交通、农业和民用等方面，总的能源利用率约为 30%，在全球处于较落后的位置。在能源消耗中，热损耗占有相当大的比重，研究传热过程的重要性不言而喻。热对流作为传热的主要形式之一，具有强非线性的复杂特点，且大型建筑、热流机械中的控制参数、瑞利数，远超目前实验或数值模拟的参数范围，对超高瑞利数下热湍流的研究受到越来越多的关注。

　　本书作者提出了利用高速旋转产生的巨大离心力代替重力来提高瑞利数的新方法，搭建了高达百倍等效重力加速度的旋转超重力热湍流实验平台，结合实验和数值模拟对超重力驱动热湍流展开了深入研究。依靠该实验平台，在接近两个数量级的瑞利数区间内实现了热湍流对终极区间标度律的直接实验测量，并得到对数区速度型、剪切雷诺数、温度脉动等数据的印证。同时，研究了旋转效应带来的科里奥利力等因素的影响，发现科里奥利力会抑制流体沿着旋转轴方向的流动，使得流场准二维化。此外，观察到了对流涡的大尺度周向运动。这些发现对相关学科理论的发展，以及理解旋转天体中的流动现象和优化热力机械中的热设计具有重要意义。

　　随着瑞利数的增大，热对流系统的边界层会逐渐变薄，壁面粗糙结构的影响显现，研究壁面结构对热湍流传热效率和湍流结构演化的影响具有重要的科学和工程意义。本书将非对称的"费曼棘齿"粗糙壁面结构的概念引入湍流热对流研究领域，发现湍流热对流系统的对称性被非对称的棘齿壁面结构打破。由于棘齿结构的存在，热湍流系统存在两种差异巨大的流动状态且对应不同的传热效率，揭示了湍流热对流系统和垂直热对流系统不同的传热机理。在此基础上，发现倾斜湍流热对流系统中，控制棘齿结构的排列方向可以有效调控系统的传热效率，为工业生产中流动传热主动控制技术提供了新的思路。

　　在我国"碳达峰，碳中和"的战略背景下，提高能源利用效率和降低能量损耗是重点研究方向之一。本书的研究成果，不仅有助于为热流机械、换热器、建筑通风等工业设计提供技术和理论支撑，同时也将增强学界对宇宙自然中热湍流现象的理解和认识，为热湍流的研究打开一扇新的大门。

孙　超

2022 年 12 月 1 日于北京

摘　要

热对流——依靠温差驱动的流体运动，是自然界和工业生产中常见的物理现象，在天体物理、海洋大气、航空航天、能源化工等领域扮演着至关重要的角色。在超高瑞利数下，探索努赛尔数（对流传热效率）与瑞利数（热驱动强度）之间的标度律关系是热对流领域的重要研究方向，也是解答湍流终极区间存在与否的关键。但超高瑞利数的实现无论是在实验中还是数值模拟中都极具挑战。此外，随着瑞利数的增大，热对流系统的边界层逐渐变薄，壁面粗糙结构的影响凸显，但目前的相关研究主要集中在对称型粗糙元上。据此，本书结合实验和数值模拟，利用旋转超重力热湍流系统提高瑞利数以探索湍流终极区间，同时研究更普适的非对称费曼棘齿结构对热湍流输运和动力学特性的影响。

本书提出利用高速旋转产生的强大离心力代替重力以提高瑞利数，自主设计并搭建了最高达 100 倍等效重力的旋转超重力热湍流实验平台，其具备精密的传热、流动测量能力。首先，探索了旋转效应对热对流系统传热和流动的影响，发现科里奥利力会抑制沿着旋转轴方向的流动，使得流场二维化并降低传热效率。然后发现，在科里奥利力和内外圆环曲率差异的作用下，对流涡会沿着旋转轴做大尺度周向运动，即纬向流的出现。最后基于旋转超重力热湍流系统，在接近两个数量级的瑞利数区间内观测到了湍流终极区间传热标度律，并得到了对数区速度型、剪切雷诺数、温度脉动等数据的印证。

基于费曼棘齿，结合实验和数值模拟探索了粗糙结构的非对称性对热湍流系统的影响，研究涵盖瑞利-伯纳德对流、垂直对流和倾斜对流。首先发现，在瑞利-伯纳德对流中，棘齿结构的出现使得系统对称破缺，大尺度环流的择向被锁定在特定方向。通过引入一个小的倾角可以控制大尺度环流的方向，得到两种不同的流动状态。还发现当大尺度环流迎着棘齿陡峭斜面流过（情形 B）时，其传热效率显著强于当大尺度环流沿着棘齿舒缓斜面流过（情形 A）时。流场结构和定量统计分析表明，其与羽流脱落动力学相关。相反，在垂直对流中，情形 A 的传热效率却强于情形 B。速度场、温度场和定量统计等结果表明，垂直对流的传热由边界层流动和水平侵入流控制，情形 B 中的棘齿陡峭斜面阻碍了边界层流动的发展。最后发现，在倾斜对流中，情形 A 的棘齿排列可以延缓传热效率随倾角增大而剧烈减小的转变点的出现，该发现或许能够用来增强换热器的鲁棒性。

关键词：湍流热对流, 旋转超重力, 终极区间, 粗糙表面结构, 对称破缺

Abstract

Thermal convection driven by temperature difference is a common physical phenomenon in nature and industrial processes, which plays crucial role in astrophysical flows, the ocean and atmosphere, aerospace engineering, and energy and chemical engineering. Studying the scaling dependence of Nusselt number (quantifying the convective heat transport) on the Rayleigh number (measuring the thermal driving strength) is the main attention of high-Rayleigh number thermal turbulence, which is also the key to testify whether Kraichnan ultimate scaling exists. However, it is extremely challenging to push the Rayleigh number to an ultra-high value in both experiments and numerical simulations. In addition, as the Rayleigh number increases, the boundary layer of the convection system gradually becomes thinner, and the influence of the wall roughness is prominent. But up to now, the vast majority of related studies focus on ordered and symmetrical structures. In view of the above, this book combines experiments and numerical simulations to explore the ultimate regime in thermal turbulence by means of a hypergravitational turbulent thermal convection system in which the Rayleigh number can be boosted through rapid rotation. Meanwhile, the effects of asymmetrical Feynman ratchet on the global heat transport and flow dynamics in thermal turbulence are studied experimentally and numerically.

This book proposes a novel approach to boost Rayleigh number by exploiting centrifugal acceleration induced by rapid rotation. A hypergravitational thermal convection system with an effective gravity up to

100 times the Earth's gravity is designed and built, which is also provided with high-precision heat transfer and flow measurement. Before the studying of high-Rayleigh number thermal turbulence, effects of rapid rotation on heat transport and flow structures of thermal convection are explored, and we show that, Coriolis force tends to suppress the axial flow, leading to a two-dimensional flow field and a reduction of global heat transport. Next, the convective rolls move around the center azimuthally, signifying the emergence of zonal flow, which is associated with Coriolis force and the difference of curvature between the outer and inner cylinders. Finally, based on the hypergravitational turbulent thermal convection setup, the existence of Kraichnan ultimate scaling is convincingly demonstrated in nearly two decades of Rayleigh number range, which is backed up by the appearance of a logarithmic layer in velocity profile, the enhanced strength of the shear Reynolds number, and the new statistical properties of local temperature fluctuations.

By exploiting the Feynman ratchet, we have studied the influences of asymmetric roughness on thermal turbulence experimentally and numerically in different convective systems, including Rayleigh-Bénard convection, vertical natural convection, and inclined convection. Firstly, in Rayleigh-Bénard convection, due to the symmetry breaking caused by the presence of the ratchet structures, the orientation of the large scale circulation roll is locked to a preferred direction. By introducing a small tilt to the system, the orientation of the flow can be controlled, and two distinct states exist. When the large scale wind faces towards the steeper slope side of the ratchets (case B), the heat transport is larger than the case in which the large scale wind flows along the ratchets in the direction of their smaller slopes (case A). Flow structures and quantitative analysis indicate that these findings are connected to the dynamics of thermal plume emissions. Remarkably different from Rayleigh-Bénard convection, in vertical natural convection, case A has a more efficient heat transport than that of case B. Velocity fields, temperature fields and quantitative analysis demonstrate that the heat transfer in vertical natural convection is governed by the boundary layer flow and the horizontal intrusion flow instead of dispersed thermal plumes. The sharp corners of the ratchets in case B hinder the development of the boundary layer flow. Finally, it is found that the arrangement of ratchets in the way of case A can delay the transition where the heat transfer decreases sharply with the tilting angle, which may be useful to enhance the robustness of the heat exchangers.

Key Words: turbulent thermal convection, rotational hypergravity, ultimate regime, wall roughness, symmetry breaking

目　录

Contents

第 1 章 引　言

1.1　研究背景和意义

自然对流——依靠温度差异驱动的流体运动，是自然界最常见的物理现象之一，也是工业生产中至关重要的物理过程。具体而言，在地球物理学和天体物理学中，自然对流的作用举足轻重。例如，外地核中的对流[1]被认为是地球磁场产生的原因，其动力学特性与地球磁场的停滞和反转息息相关[2]；太阳内的对流活动[3]时刻影响着地球的气候变化；木星上"大红斑"[4]的形成与演变也离不开热对流的作用。又如，在气象学中，受到太阳辐射而温度升高的地球表面会加热周围空气，受热的空气会上升，从而形成大尺度的气象流动，通过分析冷热空气的运动为天气预报提供理论基础[5]；在海洋学中，热盐对流及海洋环流的形成为海洋中自然对流的存在提供了证据[6]；在工程应用中[7]，电子元器件的散热[8]、晶体生长和冶金中的对流[9]、热核反应堆内部的对流[10]、建筑通风[11]、热流机械中的流动传热[12]等都伴随着自然对流现象的发生；自然对流现象的重要性不言而喻。鉴于热对流的复杂性与多样性，需要从更加基础的观点去探索自然对流潜在的物理机理，从而指导工业生产，同时帮助人类更好地认识自然。

人类对自然对流的研究已经持续了上百年，其核心问题之一是探索反映系统热量输运效率的努赛尔数（Nusselt number, Nu）与反映热驱动强度的瑞利数（Rayleigh number, Ra）的依赖关系。当 Ra 较小时，系统处于层流，或者仅体区（bulk）出现湍流，即系统处于经典区间（classical regime），此时热输运效率无论是从理论上[13-17]、实验上[14,18-21]还是数值模拟上[22-26]都已经进行了充分的研究。但近年来，高 Ra 条件下的自然对流受到越来越多的关注，这是因为在自然界（如外地核）中 Ra 大约为 10^{25} 量级[27]，远超目前实验或数值模拟的参数范围。对于高 Ra 自然对流，Kraichnan[28] 提出了湍流终极区间 (ultimate regime) 理论，即当 Ra 足够大时，热对流系统包括边界层都将进入湍流状态，此时系统传热与工质的黏性和扩散系数均无关。但无论是依靠实验还是数值模拟，实现超高 Ra 条件仍存在较大的困难，目前 Kraichnan 预言的湍流终极区间仍然未得到充分的验证。

此外，伴随着 Ra 的增大，对流系统的边界层逐渐变薄，Zhou 等[29]给出了温度边界层厚度随 Ra 的变化关系：λ_θ/L 正比于 $Ra^{-0.33\pm0.03}$。可以看出，在极高的 Ra 下，系统的边界层会变得非常薄，这时传热表面即使存在微小的粗糙结构也会对系统的传热和流动特性产生巨大的影响。而且，在自然界中大多数对流发生的表面都不是光滑的，如地球表面连绵起伏的山脉，海洋里沟壑纵横的海床。因此，研究粗糙表面结构对湍流热对流中湍流的输运特性和动力学特性的影响是至关重要的。

同时对于地球物理学来说，无论是地幔内部的对流还是大气、海洋中的对流，抑或是行星科学里，星体内部或者大气中的对流，体系自身的旋转效应都会对系统的动力学特性产生重大影响。这是因为虽然星体的转动速度较慢，但是其特征尺度较大。此时，科里奥利力的影响便不能忽略[6,30]，研究旋转效应对热对流的影响是理解这些自然现象的基础。并且，在高速旋转的热力机械中也存在类似的物理过程。例如，在燃气轮机中存在着许多充满气体的空腔，高速旋转产生的强大离心力在温度梯度的作用下将驱动空腔内的气体形成对流[12]。因此，针对快速旋转热对流系统的研究也为旋转热力机械中的温度分布、流动和传热特性的研究提供了理论基础。

综上所述，鉴于目前高 Ra 条件下的自然对流研究非常匮乏但又十分必要，开发一套新的实验平台来提高 Ra 的重要性不言而喻。同时研究表面粗糙元、旋转效应对湍流热对流系统的输运特性和湍流相干结构的影响：一方面能够帮助人类探索宇宙的奥秘、更好地理解自然现象；另一方面也能开发流动、传热控制方法，优化工业设计，提升工业生产力。

1.2　研究现状

1.2.1　瑞利-伯纳德对流

瑞利-伯纳德对流（Rayleigh-Bénard convection, RBC）系统——上板冷却，下板加热，中间的流体依靠密度差驱动所形成的封闭流动系统，通常被当作研究热对流现象最理想的模型。自从 Bénard[31] 于 1900 年第一次开展热对流实验，以及 Rayleigh[32] 于 1916 年基于纳维-斯托克斯方程（Navier-Stokes equations）对其进行理论分析以来，RBC 系统在流体力学稳定性理论[33-34] 的发展和时空混沌[35-36] 方面的研究始终扮演着关键的角色。

如图 1.1 所示，当上板的温度保持在 T 时，将下板的温度加热到 $T + \Delta$，那么，由于上、下板存在温差 Δ，系统中的流体也会存在密度差，即底部流体受热会膨胀变轻，顶部流体冷却收缩变重。当温差 Δ 足够大时，在浮力的驱动下，黏性和热扩散稳定机制会被打破从而形成对流流动[33-34]。并且随着温差 Δ 的进一步增加，系统最后会演变为充分发展的湍流。图 1.1 还展示了 RBC 系统的典型流动结构，揭示了该系统中三个重要的组成部分：边界层（boundary layers，BL）、羽流（thermal plumes）和大尺度环流（large scale circulation roll，LSCR）。三者相互耦合：在大尺度环流的剪切作用下，边界层从壁面脱落形成羽流，脱落的羽流相互汇合以维持大尺度环流的存在。

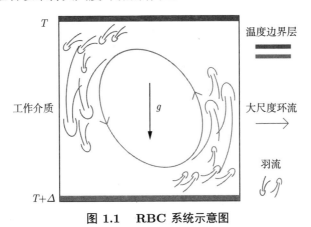

图 1.1　RBC 系统示意图

　　流体的运动受质量、动量和能量守恒方程控制。奥伯贝克-布辛尼斯克 (Oberbeck-Boussinesq, OB) 近似[37-38] 假设流体的物性参数不随温度变化而改变，如热膨胀系数 α、运动学黏性系数 ν、热扩散系数 κ 等均为常数，仅考虑浮力项中温度对密度的影响，即流体的密度与温度之间具有如下的线性依赖关系：

$$\rho(T) = \rho(T_0)[1 - \alpha(T - T_0)] \tag{1-1}$$

　　在 OB 近似下，在湍流 RBC 系统中，流体的控制方程包括连续性方程、带有浮力项的纳维-斯托克斯方程和热输运方程：

$$\nabla \cdot \boldsymbol{v} = 0 \tag{1-2}$$

$$\frac{\partial \boldsymbol{v}}{\partial t} + \boldsymbol{v} \cdot \nabla \boldsymbol{v} = -\frac{1}{\rho}\nabla p + \nu\nabla^2 \boldsymbol{v} + \alpha g \delta T \hat{z} \tag{1-3}$$

$$\frac{\partial T}{\partial t} + \boldsymbol{v} \cdot \nabla T = \kappa\nabla^2 T \tag{1-4}$$

其中：$\boldsymbol{v}$、T 和 p 分别是流体的速度、温度和压强；ρ 和 g 分别是密度和重力加速度常数。$\delta T = T - T_0$，其中 T_0 为平均温度，也是计算物性参数的参考温度。利用上、下板温差 Δ、对流层高度 L 和对流时间尺度 $\sqrt{L/(\alpha g \Delta)}$ 对式 (1-2)～式 (1-4) 进行无量纲化可得

$$\nabla \cdot \boldsymbol{u} = 0 \tag{1-5}$$

$$\frac{\partial \boldsymbol{u}}{\partial t} + \boldsymbol{u} \cdot \nabla \boldsymbol{u} = -\nabla p' + \sqrt{\frac{Pr}{Ra}}\nabla^2 \boldsymbol{u} + \theta\hat{z} \tag{1-6}$$

$$\frac{\partial \theta}{\partial t} + \boldsymbol{u} \cdot \nabla \theta = \frac{1}{\sqrt{RaPr}}\nabla^2 \theta \tag{1-7}$$

其中：$\boldsymbol{u}$ 和 θ 是无量纲化后的速度和温度。通过无量纲化可以发现，该方程组由两个参数控制，分别是 Ra 和普朗特数（Prandtl number, Pr）：

$$Ra = \frac{\alpha g \Delta L^3}{\nu\kappa} \tag{1-8}$$

$$Pr = \frac{\nu}{\kappa} \tag{1-9}$$

Ra 是浮力驱动力与黏性耗散和热耗散作用的比值，反映了热驱动的强度。Pr 是动量扩散系数与热扩散系数的比值，可以表征热边界层厚度

与黏性边界层厚度的相对大小。除此之外，考虑到不同的对流槽形状所带来的影响，引入一个形状因子 Γ 来描述对流槽宽高比：

$$\Gamma = \frac{D}{L} \tag{1-10}$$

其中：D 为水平方向尺度，如圆柱形对流槽的直径、矩形对流槽的长边；L 为形成对流的流体层高度。

在 RBC 系统中，最重要的响应变量是 Nu，其是热对流热通量与热传导热通量的比值，反映了系统对流传热的效率，定义如下：

$$Nu = \frac{J}{\chi \Delta / L} \tag{1-11}$$

其中：J 是对流系统单位时间通过单位面积的热能；χ 是流体的导热系数。反映系统流动强度的参数是雷诺数（Reynolds number，Re），定义如下：

$$Re = \frac{UL}{\nu} \tag{1-12}$$

其中：U 是系统的特征速度，可以用大尺度环流的平均速度或者是均方根速度定义。值得注意的是，在热对流系统中，Re 是一个响应参数而不是控制参数。

更多关于 RBC 系统的介绍，推荐感兴趣的读者参考综述文章 [39-43]。

1.2.2 湍流传热与湍流终极区间

湍流热输运特性是研究湍流热对流的核心问题之一，大量的理论、实验和数值模拟都与传热定律的研究有关，传热定律即 Nu 之于 Ra 和 Pr 的标度律：

$$Nu = A \cdot Ra^{\gamma} \cdot Pr^{\zeta} \tag{1-13}$$

关于湍流对流传热的详细介绍请参考文献 [39]。作为最早的理论之一，Malkus[13] 的临界稳定理论通过假设一个可以自动调整的热边界层，从而得到 $\gamma = 1/3$，并且该标度律关系也在实验中[18] 得到了验证。随后在著名的"芝加哥对流实验"中，Heslot 等[20] 和 Castaing 等[14] 利用低温氦气进行实验，发现当 Ra 不超过 10^{11} 时，Nu 与 Ra 具有如下标度律：Nu 正比于 $Ra^{2/7}$。混合区模型[14]、边界层理论[15] 和格罗斯曼-劳斯（Grossmann-Lohse，GL）理论[16-17] 被提出用来理解 2/7 这个标度律指数。

当 Ra "足够" 大时，对流系统内的流体包括边界层都将变成湍流状态，Spiegel[44] 认为这时系统的传热与流体的黏性和扩散性无关。此外，系统进入所谓的 "终极区间"。终极区间由 Kraichnan[28] 于 1962 年首先提出，并且给出了 Nu 正比于 $Ra^{1/2}(\ln Ra)^{-3/2}$，其中对数修正 $(\ln Ra)^{-3/2}$ 随着 Ra 的增大而逐渐变小[44]。将对数修正考虑在内，Grossmann 和 Lohse 给出了当 $Ra \approx 10^{14}$ 时，标度律指数为 $0.38 \sim 0.40$[16]。

目前已有大量针对湍流终极区间的研究。Chavanne 等[45-46] 发现，当 $Ra \geqslant 10^{11}$ 时，标度律指数 γ 显著增大，此时 $\gamma = 0.38$。但是也有团队表明，即使当 $Ra \approx 10^{15}$ 时，也没有观察到 γ 发生转变[47-48]。目前为止，还没有确切发现造成这个矛盾的原因，其可能与流体和 Pr 的依赖关系、边壁效应、非-奥伯贝克-布辛尼斯克（Non-Oberbeck-Boussinesq, NOB）效应等有关[26]。但不可否认的是，对于超高 Ra 下的热对流研究是具有挑战性的，也是十分必要的。因为在地球内部的对流系统中，Ra 可高达 10^{25} 量级[27]，终极湍流的验证对于理解这种超高 Ra 热对流现象具有重要意义。

相比大量针对 Nu 与 Ra 依赖关系的研究，Nu 与 Pr 的标度律关系研究相对较少。这是因为 Pr 取决于流体的物理性质，单独改变 Pr 相对困难。在实验中有两种改变 Pr 的方案：一是应用接近临界点的气体作为工质，二是通过选用不同种类的流体作为工质。对第一种方案而言，Ashkenazi 等[49] 利用处于临界点附近的 SF_6 作为工质，在 Pr 为 $1 \sim 93$ 时得到了 $\zeta = -0.2$ 的标度律指数。Roche 等[50] 利用临界状态的氦气，发现 Nu 和 Pr 的依赖关系较弱。与第一种方案相比，第二种方案有较大的局限，因为对于常见的液体而言，$Pr > 1$，绝大多数的气体 $Pr \approx 0.7$，液态金属的 Pr 约为 10^{-2}，可以看出在 $10^{-2} \sim 0.7$ 时缺乏可以作为工质的流体。综合 Rossby[51]、Takeshita 等[52]、Cioni 等[53-55] 和 Glazier 等[56] 利用液态汞所得到的数据，Horanyi 等[57] 利用液态钠的实验数据，氦气 $Pr = 0.7$ 的数据和水在 $4 \leqslant Pr \leqslant 7$ 的结果，可得在低 Pr 区间，Nu 随着 Pr 的增加而增加。当 $Pr > 1$ 后，Pr 对传热的影响趋于饱和，Nu 和 Pr 只存在较弱的依赖关系。更进一步，Ahlers 等[58] 和 Xia 等[59] 利用有机流体在高 Pr 区间得到了如下标度律关系：Nu 正比于 $Pr^{-0.03}$。数值模拟可以补充 Pr 处于 $10^{-2} \sim 0.7$ 的数据。Verzicco 等[60] 发现，当

$Ra = 6 \times 10^5$ 时，对于 $2.2 \times 10^{-3} \sim 0.35$ 的 Pr，Nu 和 Pr 具有 Nu 正比于 $Pr^{0.14}$ 的标度律，而在 $0.35 \leqslant Pr \leqslant 15$ 时，Nu 和 Pr 的依赖很弱。

总结这些研究成果可得：整体来说 Nu 受 Pr 的影响较小；对于较小的 Pr，Nu 随 Pr 增大而增大；达到峰值后，Nu 随 Pr 增加而略微减小。

除了对标度律 $Nu = ARa^{\gamma}Pr^{\zeta}$ 的研究外，也有学者做了大量实验探索对流槽宽高比 Γ [61-63]，上、下板有限导热系数[64]，NOB 效应[65-68] 和对流槽倾斜[69] 等的影响，极大拓宽了人们对湍流热对流这一复杂系统的认知。

对于标度律的形式，目前达成了一定的共识，即不存在单一的标度律可以符合所有的实验结果，而是在不同的 (Ra, Pr) 区间对应不同的标度律。关于这方面的研究最著名的是 GL 理论[16-17]，GL 理论对于高 Ra 下传热的预测与实验符合得相当好。GL 理论建立在两个关于能量耗散率 (kinetic energy-dissipation rate) ε_u 和温度耗散率 (thermal energy-dissipation rate) ε_θ 的精确关系上，即

$$\varepsilon_u \equiv \langle \nu[\partial_i u_j(x,t)]^2 \rangle_{V,t} = \frac{\nu^3}{L^4}(Nu - 1)Ra \cdot Pr^2 \qquad (1\text{-}14)$$

$$\varepsilon_\theta \equiv \langle \kappa[\partial_i \theta_j(x,t)]^2 \rangle_{V,t} = \kappa \frac{\Delta^3}{L^2} Nu \qquad (1\text{-}15)$$

其中：$\langle \cdot \rangle_{V,t}$ 表示对全体积和时间平均；$i, j = 1, 2, 3$ 表示三个空间维度。这两个关系能够根据布辛尼斯克方程相应的边界条件推导[39] 得出，其假设仅建立在系统处于统计学平衡态上。

GL 理论认为，在不同的区域耗散也是不均匀的，在边界层内耗散以黏性耗散为主，而在边界层外的湍流体区则由湍流耗散主导，故其将能量耗散率 ε_u 和温度耗散率 ε_θ 分解为两部分贡献，即

$$\varepsilon_u = \varepsilon_{u,\mathrm{BL}} + \varepsilon_{u,\mathrm{bulk}} \qquad (1\text{-}16)$$

$$\varepsilon_\theta = \varepsilon_{\theta,\mathrm{BL}} + \varepsilon_{\theta,\mathrm{bulk}} \qquad (1\text{-}17)$$

GL 理论认为，标度律不同是因为在不同的 (Ra, Pr) 区间，耗散率 ε 既有可能由边界层主导，也有可能由湍流体区主导，不同的主导情况会造成不同的标度律形式。图 1.2 给出了 (Ra, Pr) 相图：区间 I 的温度耗散率和能量耗散率均由边界层主导；区间 II 的温度耗散率由边界层主导，

能量耗散率由湍流体区主导；区间 III 的温度耗散率由湍流体区主导，能量耗散率由边界层主导；区间 IV 的温度耗散率和能量耗散率皆由湍流体区主导。同时根据 Pr 的相对大小，即温度边界层和黏性边界层的相对厚度，又可将每个区间分为两个子区间。

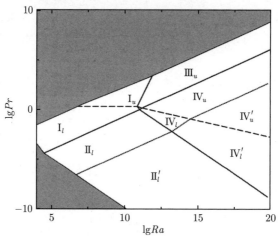

图 1.2　　GL 理论给出的 (Ra, Pr) 相图[16]

分别计算边界层和湍流体区各自的耗散率，代入式(1-14)和式(1-15)，利用过渡函数平滑处理不同的参数区间，便可以得到一个统一的方程：

$$(Nu - 1)Ra \cdot Pr^{-2} = c_1 \frac{Re^2}{g(\sqrt{Re_c/Re})} + c_2 Re^3 \qquad (1\text{-}18)$$

$$Nu - 1 = c_3 Re^{1/2} Pr^{1/2} \left\{ f\left[\frac{2a \cdot Nu}{\sqrt{Re_c}} g\left(\sqrt{\frac{Re_c}{Re}} \right) \right] \right\}^{1/2} +$$

$$c_4 Pr \cdot Re f\left[\frac{2a \cdot Nu}{Re_c} g\left(\sqrt{\frac{Re_c}{Re}} \right) \right] \qquad (1\text{-}19)$$

其中：$f(x) = (1 + x^4)^{1/4}$，$g(x) = x(1 + x^4)^{1/4}$ 是过渡函数；a、Re_c、$c_1 \sim c_4$ 是常数系数，可以通过对实验数据拟合得到。在确定常数系数之后，式(1-18)和式(1-19)给出了 Nu 随 Ra 和 Pr 的变化关系。整体而言，GL 理论对 Nu 的预测精度较好。

1.2.3　边界层、羽流和大尺度环流动力学特性

在 RBC 系统的上、下导板表面存在温度边界层和黏性边界层，其对传热和流动特性起着决定性的作用。温度边界层有多种定义方式：

（1）λ_θ^{sl}，取温度剖面在壁面处的切线，切线与平均温度的交点到壁面的距离；

（2）$\lambda_\theta^{99\%}$，在温度剖面中，99% 平均温度的位置到壁面的距离；

（3）λ_θ^σ，取最大温度脉动位置到壁面的距离。

黏性边界层的定义方式类似于温度边界层，在此不再赘述。由于在温度边界层内，垂直于壁面方向的热输运由热传导主导，故温度边界层是 RBC 系统热阻的最大来源，因此 Nu 主要由温度边界层的厚度决定，即

$$Nu = \frac{|\partial_3 \langle T \rangle_w|}{\Delta L^{-1}} = \frac{L}{2\lambda_\theta^{sl}} \tag{1-20}$$

而且，在 1.2.2 节中提到的临界稳定理论[13]、混合区模型[14]、Kraichnan 的终极区间理论[28] 和著名的 GL 理论[16-17] 都用到了边界层的理论。因此有大量的实验[70-77]、数值计算[68,78-79] 系统地研究了温度和黏性边界层的特性。

羽流是 RBC 系统重要的传热载体，由温度边界层在浮力和大尺度环流的剪切作用下从壁面脱落产生。由于羽流的密度与背景流体不一样，所以实际重力（浮力）的直接作用对象就是羽流。除了在 RBC 系统中，羽流在自然界中也与很多现象密切相关，地幔中的羽流被认为是产生火山爆发的原因之一[80]。研究羽流的几何、动力学和热输运特性对认识热对流系统至关重要。Zhou 等[81] 利用热敏液晶方法研究了羽流数目 N_{pl} 与 Ra 的关系，发现 N_{pl} 正比于 $Ra^{0.3}$，进一步地可以推导单个羽流所携带的热量不随 Ra 变化，这意味着当 Ra 增大时，羽流数目增多，从而实现更多热量的输运。van der Poel 等[82] 利用数值模拟详细地探索了羽流的几何特性，发现靠近壁面位置的羽流尺寸呈对数正态分布，这与 Zhou 等[81] 的实验结果吻合。

在 RBC 系统中，大尺度环流是一个独特的拟序结构，其早在 40 多年前就被 Krishnamurti 等[83] 在实验中观测到了。在发现了大尺度环流现象之后，科学家们对其动力学特性进行了广泛的研究，使用流动显示[84]、直接速度测量[85]、温度测量[86-87] 等方法。大尺度环流具有丰富的动力学特

性,包括但不限于:优先取向(the preferred orientation)、停滞(cessation)、反转(reversal)、扭摆(torsion)、晃动(sloshing oscillations)、流动模式转变(flow mode transitions)等。同时相关实验发现,Pr 对大尺度环流的动力学特性影响较小[88]。

大尺度环流结构的形成一直是科学家们比较关注的问题。目前,研究人员普遍认为,羽流和大尺度环流之间相互促进、相互影响,大尺度环流驱动羽流从边界层脱离,同时羽流汇入大尺度环流又为其提供了动力。直觉上讲,羽流受浮力和重力作用应该竖直运动,但是为什么会产生最初的水平运动呢?为了探究其物理机制,Xi 等[89] 利用实验研究了 RBC 系统由静止到完全湍流的发展过程。他们将定性分析的阴影法和定量分析的粒子图像测速 (particle image velocimetry, PIV) 法结合起来,揭示了大尺度环流的形成过程。在静止的 RBC 系统中,随着上、下板的温差增大,板的附近会产生许多孤立的羽流,这些羽流在重力和浮力的作用下开始竖直运动,带动周围静止的流体产生漩涡。在漩涡的作用下,这些孤立的羽流不能继续保持竖直运动,开始左右摇摆。这时,相邻孤立羽流之间的漩涡会相互影响,使其不再孤立存在,从而聚集在一起形成更大尺度的漩涡。正是这种羽流之间的自组织行为造成了其在空间的不均匀分布,从而形成了大尺度环流,如图 1.3 所示。

大尺度环流在流动过程中可能存在突然消失的情况,被称之为"停滞"。当大尺度环流发生停滞时,RBC 系统内的规则运动突然停止,流动变得杂乱无章,系统会失去之前的流动方向信息,建立新的流动结构。这个过程是随机的,如果新的流动方向和之前相反,将这个过程称之为"反转",反转和停滞发生的时间间隔满足泊松分布 (Poisson distribution),这也表明每一次的停滞或者反转事件是相互独立的[86-87,90-91]。

在流体力学中,对流动方向反转的研究是很必要的,因为在很多的湍流流动中都存在流动方向反转的情况。并且,RBC 系统中的反转和停滞现象与地球磁场的消失和反转现象有相似之处[91],研究人员希望通过建立 RBC 系统中大尺度环流停滞和反转的模型,预言地球磁场的变化。近年来,已经有人提出了和大尺度环流相关的模型,其中 Brown 等[92] 提出的随机模型能够很好地描述在圆柱形对流槽中的大尺度环流的各方面动力学特性。值得一提的是,RBC 系统中大尺度环流相干结构的存在也是

GL 理论的重要假设之一[16-17]。

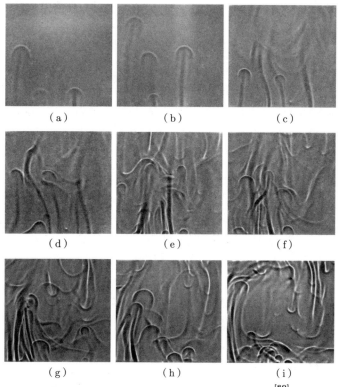

图 1.3　阴影法显示大尺度环流的形成过程[89]

(a) $t = 3$ min 58 s；(b) $t = 4$ min 25 s；(c) $t = 11$ min 26 s；(d) $t = 11$ min 41 s；(e) $t = 27$ min 13 s；(f) $t = 27$ min 40 s；(g) $t = 29$ min 24 s；(h) $t = 30$ min 5 s；(i) $t = 44$ min 52 s

1.2.4　旋转效应对热对流的影响

　　如 1.2 节所述，自然界或者工业生产中的很多热对流现象都受到旋转效应的影响，此时，热对流系统要考虑由于旋转所引入的离心力和科里奥利力的作用。本节将介绍快速旋转系统中的基础理论泰勒-普劳德曼（Taylor-Proudman）定理，以及目前针对旋转热对流系统的研究进展。

1. 泰勒-普劳德曼定理

　　泰勒-普劳德曼定理[93-95]是快速旋转系统中重要的经典理论，其成立需要满足如下假设：

（1）定常流动，即 $\partial/\partial t = 0$；

（2）缓慢流动，即系统内流体的流动速度远小于系统的旋转速度，$|\boldsymbol{u} \cdot \nabla \boldsymbol{u}/(\boldsymbol{\omega} \times \boldsymbol{u})|$ 正比于 $U/(L\omega)$ 正比于 $Ro \ll 1$；

（3）无黏流动，即系统里黏性作用远小于科里奥利力的作用，$|\nu\nabla^2\boldsymbol{u}/(\boldsymbol{\omega} \times \boldsymbol{u})|$ 正比于 $\nu/(L^2\omega)$ 正比于 $Ek \ll 1$。

其中：ω 表示系统旋转的角速度；Ro 是罗斯贝数（Rossby number），表征系统惯性力与科里奥利力的比值；Ek 是埃克曼数（Ekman number），反映系统耗散力与科里奥利力的比值。那么根据动量方程可得

$$2\boldsymbol{\omega} \times \boldsymbol{u} = -\frac{1}{\rho}\nabla p \tag{1-21}$$

此时，压力梯度和科里奥利力平衡，系统处于所谓的地转区间（geostrophic regime），进一步地，对式(1-21)求旋度 ∇ 可得

$$\boldsymbol{\omega} \cdot \nabla \boldsymbol{u} = 0 \tag{1-22}$$

可以看出在旋转方向速度梯度为零，即沿旋转轴方向速度不会发生改变，系统内的流动是二维的。泰勒-普劳德曼定理告诉我们，高速旋转所产生的科里奥利力会抑制沿着旋转轴方向的流动。当系统满足定常流动、缓慢流动和无黏流动时，流动完全由科里奥利力主导，会变成二维流动。当然，对于实际的流动系统而言，一般无法满足所有的假设，但是快速旋转系统依然会表现出相似的准地转（quasi-geostrophic）特征。

2. 旋转瑞利-贝纳德对流系统

旋转瑞利-贝纳德对流系统指对普通的 RBC 系统加上一个与温度梯度方向平行的背景旋转，这时热湍流会在科里奥利力的作用下产生丰富的动力学和传热特性。

有大量相关的实验[51,96-97]和数值计算[98-100]研究了该系统的传热特性。如图 1.4 所示，总的来说，对于适当的 Pr，当固定 Ra，Ro^{-1} 由零逐渐增大时（科里奥利力逐渐增强），系统的整体传热效率先保持不变，然后逐渐增强，最后减弱，甚至低于不加旋转的情况[98]。这是由于当 Ro^{-1} 较小时，科里奥利力对系统的流动结构影响很小，所以系统还是表现出 RBC 系统的特性；当 Ro^{-1} 逐渐增大时，科里奥利力的影响增强，这时

会产生埃克曼抽吸（Ekman pumping）[101] 现象，系统的传热被增强；当进一步增加 Ro^{-1} 时，科里奥利力会抑制对流，从而造成传热的减弱。

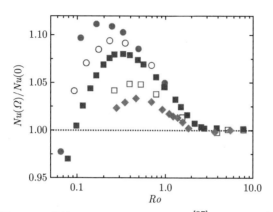

图 1.4　旋转 RBC 系统的传热特性[97]（前附彩图）

$Pr = 4.38$，红色实心圆圈：$Ra = 5.6 \times 10^8$；黑色空心圆圈：$Ra = 1.2 \times 10^8$；紫色实心方块：$Ra = 2.26 \times 10^9$；蓝色空心方块：$Ra = 8.9 \times 10^9$；绿色实心菱形：$Ra = 1.8 \times 10^{10}$

　　此外，旋转 RBC 系统中拟序结构的动力学特性也是丰富多样的，如埃克曼抽吸现象、对流泰勒柱（convective Taylor columns）[102] 现象和离心力-科里奥利力对流[103]，并且已有大量的研究可以帮助理解地球物理中如地幔柱的动力学性质[104]，在此不一一展开。

3. 旋转圆环对流系统

　　旋转圆环对流系统一般为内环冷却、外环加热，系统整体围绕圆环轴旋转。与旋转 RBC 系统不同，旋转圆环系统中的温度梯度与旋转方向垂直，热对流受离心力与重力的共同作用驱动，同时科里奥利力在流动结构的演变中扮演着重要的角色。旋转圆环系统的主要用途在模拟天体物理中存在背景旋转的流动过程，以及热流机械旋转轴内空腔里形成的对流。

　　有大量理论[105]、实验[106-109]和模拟[110-112]研究了旋转圆环对流系统内对流的产生和流动结构的演变。例如，Hide 等[107] 通过实验发现了旋转圆环对流系统的流动状态随着转速增加的变化过程：轴对称状态、规则斜压波再到地转湍流状态，如图 1.5 所示。此外，Bohn 等[113] 利用气体作为工质，测量了快速旋转圆环对流系统的传热特性，他们发现，由于旋转效应抑制了对流，快速旋转圆环对流系统具有相较于传统 RBC 系统更弱的传热效率。但是该实验漏热较为严重，当旋转速度为 250 r/min 时，系统漏热高达 20%，并且对传热机理的研究稍显缺乏。

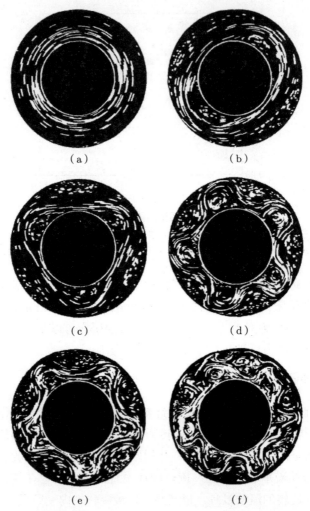

图 1.5   旋转圆环对流实验中，流动结构随旋转速度变化的演变[107]

曝光时间、旋转速度 ω 和 $\Theta = gd\Delta\rho/\bar{\rho}\omega^2(b-a)^2$ 分别为（a）1 s，0.41 rad/s 和 7.3；（b）1 s，1.07 rad/s 和 1.07；（c）1 s，1.21 rad/s 和 0.84；（d）2 s，3.22 rad/s 和 0.118；（e）2 s，3.91 rad/s 和 0.080；（f）3 s，6.4 rad/s 和 0.030

工质为甘油水溶液，平均密度 $\bar{\rho} = 1.037 \text{ g} \cdot \text{cm}^{-3}$，运动学黏度系数 $\bar{\nu} = 1.56 \times 10^{-2} \text{ cm}^2 \cdot \text{s}^{-1}$，温差 $\Delta = 9 \text{ K}$，$b - a = 4.64 \text{ cm}$，$d = 13.5 \text{ cm}$；其中 a、b 和 d 分别为圆环装置的内环直径、外环直径和高度

值得一提的是，除了旋转圆环对流系统外，针对高温旋转部件的流动与换热，陶智团队搭建了高性能的旋转换热、流动实验平台[114-116]，开发了先进的实验测量技术，主要对强迫对流下的流场和换热特性进行研究，取得了突出进展，为现代航空燃气涡轮发动机的设计等提供了支撑。

1.2.5　壁面粗糙结构对热对流的影响

正如 1.2.2 节中的 GL 理论所述，边界层和湍流体区对耗散率的贡献从本质上讲是不一样的，需要分别计算它们的贡献。因此，对局部传热的研究就显得相当重要。Shang 等[117] 实验发现，在湍流对流传热中，羽流是最主要的传热载体。因为羽流是从热边界层脱落分离出来的，所以改变边界层的性质会影响羽流的脱落，从而影响整体的热输运效率。这个结论已被一系列实验所证实，在这些实验中，人们在对流槽里加入了粗糙的表面结构[118-124]。这些实验增强了人们对热边界层在传热中所扮演的角色的理解。

Du 等[118] 利用周期性的金字塔形壁面粗糙结构进行实验，发现有序的壁面粗糙结构不会改变标度律指数 γ，与光滑的情况相似，但是前因子 A 会显著增大，说明系统的传热得到了显著的增强。在 Du 等的实验中，他们发现相对光滑系统传热增强了 76%。Shishkina 等[119] 的模拟结果及 Salort 等[120] 的实验结果也与 Du 的结论相符。Du 等[118] 认为，粗糙结构之所以能够增强传热，是因为粗糙结构促进了羽流的产生和脱落。为了验证其中的物理机理，他们利用影像学的方法来显示速度和温度场。在实验中，他们将热敏液晶（thermochromic liquid crystal，TLC）掺入流体中，如图 1.6 所示。这些粒子的布拉格散射光（bragg scattered light）的颜色随温度的变化而变化，在温度由 29 ℃ 增加到 33 ℃ 时，其颜色由红色变化到蓝色。通过图 1.6 可以看出，大尺度环流与粗糙结构相互作用会在粗糙结构的间隙中产生二次流（漩涡），在二次流和大尺度环流的共同作用下，羽流会从粗糙结构的尖端脱离，额外产生的羽流对传热的增强有巨大的贡献。

Ciliberto 等[121] 考虑到已有结论都是利用有序的粗糙结构进行实验，提出使用随机的粗糙结构，发现了标度律指数 γ 的增大（实验测得 γ 由 2/7 增大到 1/3）。Zhu 等[123] 利用二维直接数值模拟系统地研究了壁面粗

糙元对标度律 Nu 正比于 $A \cdot Ra^\gamma$ 的影响。如图 1.7（a）所示，Zhu 等[123] 发现存在两个区间：区间一，标度律指数相对于光滑情况增大，这与 Toppaladoddi 等[124] 的结果一致，在该区间粗糙元"刺破"边界层，增强了羽流的

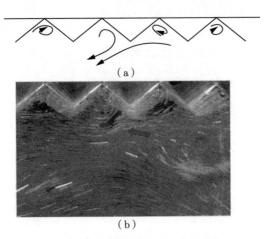

图 1.6　　粗糙元对流体的作用（前附彩图）

（a）粗糙元附近的流场示意图；（b）利用 TLC 可视化靠近冷却板附近的温度场
红棕色代表温度较低流体，蓝绿色代表温度较高流体，系统 $Ra = 2.6 \times 10^9$，
所展示的区域面积约为 $7\ \text{cm} \times 4\ \text{cm}$[118]

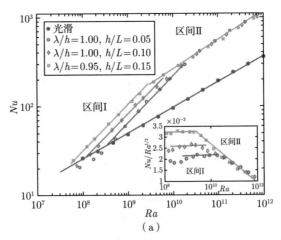

图 1.7　　光滑与粗糙壁面系统传热、温度场以及流场对比

（a）光滑壁面系统和具有不同尺寸粗糙元的系统的传热特性图，λ、h 和 L 分为粗糙元宽度，高度和系统特征尺寸，插图利用 $Ra^{1/2}$ 归一化处理；（b）温度场剖面及热表面附近的流场和温度场，
$\lambda/h = 1.00,\ h/L = 0.10$

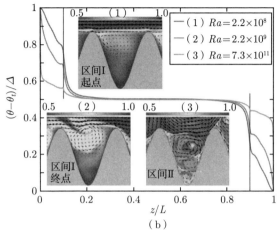

图 1.7（续）

脱落；区间二，当进一步增加 Ra 时，标度律指数却退回到 $\gamma \approx 0.33$。Zhu 等[123] 认为这是因为当 Ra 进一步增加时，强大的二次涡会激发小漩涡（图 1.7（b）），这些小漩涡会增强空腔里的流动掺混，所以可以看到粗糙元表面会附着一层薄的热边界层，这也意味着此时系统传热标度律特性与光滑表面相似。

此外也有学者发现，粗糙表面结构并不是都会增强传热，相反，在某些情况下可能会降低 Nu[125]。Zhang 等[126] 认为当粗糙元高度较小或者 Ra 较低时，贴近壁面的冷热流体会被限制在相邻粗糙元形成的空腔中，从而增厚了热边界层，削弱了传热效率。

1.3　研究目的与内容

热对流现象广泛存在于自然界和生产、生活中，为了认识世界、提高生产效率，针对热对流现象的研究已经持续了上百年。通过上述文献可以看出，目前对热对流系统的研究已取得诸多进展，但仍然存在以下不足。

（1）提出了 RBC 系统，通过理论分析、实验测量、数值模拟等形式详细地研究了 RBC 系统的传热特性，这些研究为人们掌握中、低 Ra 下的传热特性提供了支持，但是对超高 Ra 下的湍流传热研究仍较为匮乏。

从实验角度，目前实现高 Ra 的方式大致分为两种，一是提高 $\alpha/(\nu\kappa)$，如采用低温氦气或高压 SF_6 气体；二是增大系统的尺寸 L（比较通用的方法）。但这两种方式都有一定的局限性。例如，在低温或高压实验中，工质的 Pr 可能随 Ra 变化，而且高压实验采用不锈钢作为对流槽边壁无法进行光学测量，而采用增大系统尺寸的方法对 Ra 的提升有限。从数值计算的角度，高精度的三维数值模拟非常昂贵，计算资源消耗与 $Ra^{3/2}\ln Ra$ 成正比，目前能够实现的最大 Ra 约为 2×10^{12}，这离 Kraichnan 预言的湍流终极区间还相距甚远。

（2）从地球物理学角度出发，人们研究了旋转效应对热对流的影响，推导了适用于快速旋转系统里定常缓慢无黏流动的泰勒-普劳德曼定理，探究了相关动力学特性。但这些研究所采用的实验装置大多尺寸较小，转速较慢，能够达到的参数较低，对湍流区间覆盖不足，且主要目标为模拟天体或地球物理中的对流现象，多以研究流动结构为主，传热及传热机理研究不足。部分研究员以工业应用为导向，为了模拟燃气轮机旋转轴内空腔里的对流，利用气体作为工质测量了旋转圆环对流系统的传热特性，但对流动特性的研究不足，对相关机理探究不明。

（3）在极高 Ra 条件下，热对流系统的边界层将会很薄，且大多热对流过程本就发生在粗糙的表面上，不得不考虑壁面粗糙结构的影响。人们通过大量系统的工作研究了壁面粗糙元对 RBC 系统传热及流动的影响，并揭示了相应的物理机理。这些研究课题中的粗糙元的几何形状大多是对称的或是随机杂乱无章但依然对称的，而自然界和工业生产中的粗糙元并不都是对称的，如风吹过非对称的山峦、洋流掠过非对称的海床。

鉴于目前高 Ra 湍流热对流研究的挑战性和重要性，本书提出一种新的提高 Ra 的研究方案，即旋转超重力热对流实验方案。该方案利用高速旋转产生的强大离心力代替重力从而达到提高 Ra 的目的，并在粗糙壁面热湍流研究中进一步探索壁面粗糙元的非对称性对热对流系统的影响。具体研究内容如下：

（1）搭建旋转超重力热湍流实验平台，该平台具备精密的速度、温度控制，可实现传热、流动精确测量，并验证该方案对于提高 Ra 的可行性；

（2）开发直接数值模拟（direct numerical simulation，DNS）方法，以超重力实验平台和 DNS 相结合的形式探究超高 Ra 下湍流热对流的输运特性和湍流相干结构，探究旋转效应对该系统内流动和传热的影响；

（3）研究更普适的非对称费曼棘齿（Feynman ratchet，将在 5.1 节详细介绍）结构对湍流热对流输运特性和动力学特性的影响，并以此开发流动传热控制方法。

1.4　本书结构

本书的结构如下所示。

第 1 章，论述课题研究背景和意义。介绍研究热对流现象的重要性，综述热对流系统的研究进展、成果和领域内的核心问题，在此基础上提出本书的主要研究内容。

第 2 章，介绍本书研究中所使用的实验和模拟方法。实验方面，包括旋转超重力热湍流实验平台、粗糙表面湍流热对流实验平台，并详细介绍各仪器设备的工作原理和使用方法。在模拟计算方面，介绍控制方程、物理模型和数值方法。

第 3 章，研究旋转效应对热对流系统的影响。旋转会引入离心力和科里奥利力的作用，其中离心力有望替代重力成为热对流系统的驱动力，但离心力的大小和位置半径成正比，所以本章首先研究了随半径变化的离心力对传热特性和流动动力学的影响。其次是科里奥利力，在旋转超重力热湍流系统中观察到了科里奥利力引起的泰勒-普劳德曼现象，即流场出现二维化，相应地传热效率也明显降低。同时，在实验中应用条纹图法进行流动可视化，观察到了对流涡的大尺度周向运动，这对理解一些天文现象具有重要意义。

第 4 章，研究高 Ra 下的湍流传热与湍流终极区间。本章提出了一种新的增大 Ra 的方法，即通过利用高速旋转产生的超强离心力代替重力来实现 Ra 的增加，在目前的实验中实现了最高达 100 倍的等效重力，相应地 $Ra \approx 3.7 \times 10^{12}$，并利用数值模拟在中、低 Ra 区间进行了双向验证，保证了数据的可靠性。在旋转超重力热湍流系统中，发现当 $Ra \approx 5 \times 10^{10}$ 时，Nu 正比于 Ra^{γ} 标度律开始出现转变，在 $[5 \times 10^{10}, 3.7 \times 10^{12}]$ 近两个量级的 Ra 区间得到了 $\gamma \approx 0.40$ 的标度律，并结合温度脉动、速度型、剪切雷诺数等特性证实了湍流终极区间的出现。

第 5 章，将非对称费曼棘齿结构引入 RBC 系统，研究其对传热和流动特性的影响。本章在 RBC 系统的上、下导热表面加工了费曼棘齿结构，打破了系统的对称性，发现大尺度环流自发地锁定在与棘齿排列一致的方向。进一步地引入小角度倾斜来控制大尺度环流的方向，发现了两种不同的传热状态：情形 A（大尺度流动沿着棘齿结构的平缓斜面方向）和情形 B（大尺度流动迎着棘齿结构的陡峭斜面方向）。当 $Ra = 10^{10}$ 时，情形 B 的传热效率比情形 A 高 20% 以上。通过阴影法流动显示、瞬时温度场和定量统计分析发现，这与大尺度环流、粗糙元、边界层和羽流的相互作用相关。

第 6 章，探索非对称棘齿结构对垂直对流（vertical convection, VC）的影响。结合实验和数值模拟，精确地测量了具有棘齿结构表面的 VC 系统的传热特性，发现情形 B 的传热显著弱于情形 A，与 RBC 系统中的结果相反。利用动力学统计特性解释了其物理机理，即传热效率和大尺度环流的强度紧密相关。通过对阴影法流动显示、瞬时温度场、瞬时竖直速度场等结果的分析，发现当大尺度环流逆着棘齿排列的方向流过时，棘齿陡峭的一侧表面会阻碍流动，从而形成较弱的 LSCR。时间平均的温度剖面也显示，对于情形 A，较强的大尺度环流会引起二次涡加强冷热流体的掺混，从而具有更强的传热效率。

第 7 章，在更普适的倾斜对流中，研究开发利用非对称棘齿结构实现流动和传热控制的方法。将第 5 章、第 6 章的研究进一步拓展到更加普适的倾斜对流系统，此时温度梯度方向与重力方向具有一定的夹角，对传热效率随倾角的变化规律进行了精确测量，并通过流动特性进行相应的分析。本章发现，情形 A 和情形 B 对倾角具有不同的响应特性，情形 A 的传热效率在 $0° \sim 80°$ 保持相对稳定，而情形 B 的传热效率在倾角大于 $20°$ 时开始快速降低，为流动传热控制提供了新的思路。

第 8 章，总结本书工作并对未来的后续研究进行展望。

第 2 章　实验和数值方法

本书采用实验和数值模拟相结合的方式开展系列研究。在实验方面，搭建了旋转超重力热湍流实验平台及粗糙表面湍流热对流实验平台，具备精密的热学、光学测量能力；在数值模拟方面，采用直接数值模拟，基于 AFiD 开源程序[24,127-128] 进行二次开发，应用浸没边界法[129]（immersed boundary method, IBM）处理粗糙结构的复杂边界，实现流场和温度场的高精度模拟。

2.1　旋转超重力热湍流实验平台

为了通过调制重力来有效提高 Ra，旋转超重力热湍流实验平台应运而生。该实验平台由作者团队自主设计、搭建、调试，并利用数值模拟进行可靠性验证。该实验平台的优势是可以精确地控制系统的旋转速度，在保证系统稳定运行的同时最大可实现 100 倍的重力加速度，满足传热、流动的精确测量。该实验平台主要包括 4 个模块：圆环对流槽系统、测量系统、漏热补偿、安全保护系统及机电控制系统。

2.1.1　圆环对流槽系统

圆环对流槽系统是整个实验平台的核心组成部分，流体工质的热对流运动在圆环对流槽中进行，在设计时需要实现内环冷却，外环加热，上、下壁面等温绝热的边界条件。

如图 2.1 所示，内、外导热圆环采用整块紫铜通过数控加工中心车制而成，该系统具有高度对称性，以保证其在高速旋转下的动平衡特性，避免过度震动影响实验结果甚至造成设备损坏。采用紫铜作为原材料的原因是其具有良好的导热性能,导热系数高达 $401\ \mathrm{W/(m \cdot k)}$,从而可以尽量保证恒温边界条件的实现。因为紫铜易氧化,所以在紫铜表面电镀了一层镍用作保护。对流槽的内圆环外直径 $R_i = 240\ \mathrm{mm}$,外圆环内直径 $R_o = 480\ \mathrm{mm}$,高 $H = 120\ \mathrm{mm}$,有效对流尺度 $L = 120\ \mathrm{mm}$,半径比 $\eta = 0.5$,展向宽高比 $\Gamma = H/L = 1$。对流槽的盖板为一块定制的透明有机玻璃板,厚 25 mm,其具有良好的光学特性,可以满足流场测量的需要。底板由特氟龙制成,厚 25 mm,其具有良好的抗腐蚀性能和力学性能,可以在尽量减小漏热的情况下起到对圆环的支撑作用。内、外铜环和特氟龙底板及有机玻璃盖板之间使用 O 形密封圈密封,并使用不锈钢螺栓固定,整个装置被固定在铝合金旋转台面上。

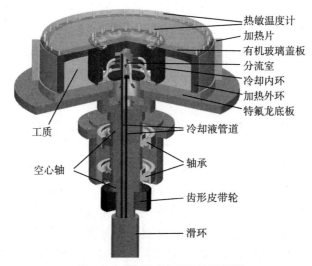

图 2.1　圆环对流槽系统模型图

　　旋转主轴采用 304 不锈钢车制而成,搭配精密角接触球轴承 (HRB,型号:7220ACM)、不锈钢轴承座和定制精密光学台架,保证了轴系在高速旋转下的稳定性和安全性。旋转主轴通过齿型皮带轮（Splu,型号:8M-52-AF）与皮带 (Splu,型号:8M-1776)、电机相连。为了满足外界与旋转体之间的通信和物质传输,定制了一个高速液电滑环（Moflon,型号:MEPH200）,该液电滑环提供 2 个液体通道,48 个弱电信号通道,6个强电功率通道,可以满足实验中加热、冷却的控制和温度、电压的测量需求。

四个硅橡胶薄膜加热片被固定紧贴外铜环的外表面作为热源，加热片的规格是 120 V、8 A，相互串联后由一个 1.5 kW 的直流电源（Ametek，型号：XG300-5）供电，该直流电源具有良好的稳定性，电压波动小于 0.01%。内环的冷却是通过冷却液循环流动实现的，如图 2.2（a）所示。在内环上加工了 16 个直径为 8 mm 的冷却通道，冷却液经过分流室分流后均匀地流过这 16 个冷却通道，以实现内环恒温。冷却液的温度由循环水浴（Polyscience，型号：AP45R-20-A12E）调制，温度调节范围为 $-40 \sim 200$ ℃，并且其温度稳定性高达 5×10^{-3} ℃。循环水浴内置水泵，冷却液的循环路线是先由循环水浴泵出，然后由加压泵 (Wilo，型号：PB-0888EAH) 加压，加压后的冷却液经过液电滑环流向分流室，在分流室分流后均匀流向内铜环里的冷却液通道，从冷却液通道流出后又汇合在一起最后经液电滑环返回循环水浴。

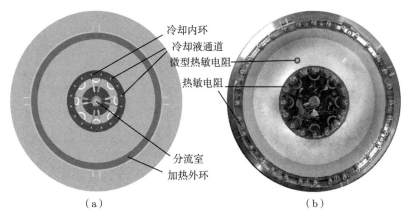

（a）　　　　　　　　　　　　　　　（b）

图 2.2　　圆环对流槽结构图（前附彩图）

（a）圆环对流槽系统的俯视截面图；（b）圆环对流槽的实物俯视照片

图 2.2（b）是圆环对流槽的实物图，图片中的红色圆圈标记了实验中放置热敏温度传感器的位置，外环一共使用了 8 个温度传感器，内环使用了 6 个温度传感器。在实验中，验证了内、外环上温度的均匀性，内环基本满足 $|(T_{c,i} - T_c)/\Delta| \leqslant 3.5 \times 10^{-2}$，外环基本满足 $|(T_{h,j} - T_h)/\Delta| \leqslant 4.5 \times 10^{-2}$。其中，$T_{c,i}$、$T_c$、$T_{h,j}$、$T_h$ 和 Δ 分别是测量得到的内环单个温度计温度，内环平均温度，外环单个温度计温度，外环平均温度和内、外环温差。可以看出，不论是内环还是外环，其温度均匀性都较好。此外，

在有机玻璃盖板上距内环外表面 30 mm 的位置开了一个小孔安放微型热敏传感器（图 2.2（b）中用蓝色圆圈标记），用于测量对流槽内流体的温度脉动信号。

2.1.2　测量系统

封闭系统内的热湍流相比于其他开放湍流系统（如管道流、槽道流等）的不同之处在于，除了速度场外还叠加了温度场，所以高精度的温度测量十分重要。下面介绍该实验平台所使用到的测量技术，一是以电信号测量为主的温度测量，二是以光学测量手段为主的流动可视化。

1. 温度测量

系统的温度测量是利用负温度系数（negative temperature coefficient, NTC）的热敏电阻传感器来完成的。这些热敏电阻在使用前都会进行标定。温度标定过程就是利用标准温度来度量待标定的温度计，标定实验有两个要点，一是标准温度计的选择，二是保证标准温度计与待标定温度计所处环境的温度一致。首先，选用 PT100 传感器（Omega，型号：P-M-A-1/10-6-0-P-3）作为标准温度计。该款 PT100 传感器属于超精密的浸没式铠装铂电阻，其直径为 6 mm，测量范围为 $-100 \sim 400\ ^\circ\text{C}$，在 $0\ ^\circ\text{C}$ 时，其电阻为 100 Ω，典型精度为 1/10 DIN。采用四线制接线，能够消除引线误差。为了保证标准温度计与待标定温度计所处环境的温度一致，选用导热性极好的紫铜作为载体，将其加工成圆柱形的铜块，在铜块上开多个深 30 mm 的孔，将热敏电阻嵌入其中，同时在铜块中央开一个深 50 mm 的孔用来安放 PT100 标准温度计。将铜块放入温度稳定性高达 $5 \times 10^{-3}\ ^\circ\text{C}$ 的循环水浴系统中。

热敏电阻的阻值利用数字万用表 (Keithlery, 型号：2701) 和数据采集卡 (Keithley, 型号：7703) 测量，PT100 的阻值采用四线制接线法，并利用数字万用表 2701 的前面板测量以保证精度。数字万用表 2701 的精度为 $6\frac{1}{2}$，其具有两个功能区，分别是前面板和后面板。前面板主要用来操作和单通道测量；后面板是插卡区，可以安装两块 7700 系列的数据采集卡。2701 数字万用表还具有网络通信功能，在测量过程中，可以使用 RJ-45 网线将其与计算机连接，在计算机端配置相关测量参数并保存测量数据。7703 系列数据采集卡是一个拥有 32 通道两线制电阻测量或 16 通道四线制电阻测量的多功能数据采集卡，除了电阻测量之外，还可以用来测量电流、电压等参数。

标定过程如图 2.3 所示，为了减小循环水浴内部流体温度不均性的影响，加工制作了一个布满小孔的紫铜圆柱，将热敏电阻和标准温度计插入紫铜圆柱，浸入循环水浴。标定时将循环水浴的温度从 5 ℃ 逐渐增加到 70 ℃，每隔 5 ℃ 标记一个点，共 14 个数据点，每一个数据点在温度稳定后再测量 60 min。热敏电阻的阻值和温度可以用斯坦哈特-哈特（Steinhart-Hart）经验公式[130] 进行拟合：

$$\frac{1}{T} = k_1 + k_2(\ln R_\Omega + k_3 \ln R_\Omega)^3 \tag{2-1}$$

其中：T 为绝对温标；R_Ω 是热敏电阻的阻值；k_1、k_2、k_3 是拟合得到的系数。根据数字万用表所测得数据进行拟合，可以得到如图 2.4 所示的标定曲线。当拟合得到某个热敏传感器的标定系数之后，一旦测量得到其在某温度下的电阻值，就可以根据式 (2-1) 推算出此时的温度。

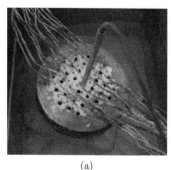 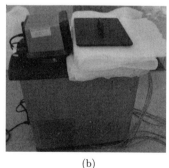

(a)　　　　　　　　　　　　　　　(b)

图 2.3　热敏温度传感器标定过程

（a）Omega，型号：44131；（b）Measurement Specialties，型号：G22K7MCD419

如图 2.5 所示，该实验使用了两种类型的热敏传感器。一种（图 2.5（a））的头部直径为 2.5 mm，其在 25 ℃ 下的电阻值约为 10 kΩ，此热敏电阻的时间常数在油浴中是 1 s，在空气中是 2.5 s，温度测量范围是 $-80 \sim 75$ ℃。这些热敏电阻将被插入内、外环上预留的孔内，用来测量其温度。另外一种（图 2.5（b））的头部直径为 300 μm，在液体中的时间响应常数为 30 ms。该微型热敏电阻传感器具有防水性，可以插入对

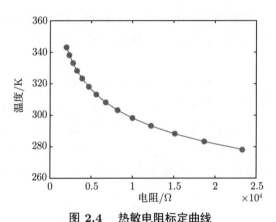

图 2.4　热敏电阻标定曲线

圆点是实验测量得到的数据，实线是由测量数据根据斯坦哈特-哈特经验公式拟合得到

流槽内测量局部的温度。为了将微型热敏传感器导入对流槽内，利用如图 2.5 所示的不锈钢导管对其进行固定。为了解析对流槽内流体的高频温度脉动，利用惠斯通电桥[131] 来测量微型热敏电阻的高频脉动。如图 2.6 所示，微型热敏电阻构成了该电桥的一支桥臂，另外两支桥臂为 10 kΩ 的固定电阻，可变电阻被用来平衡电桥。电桥使用锁相放大器提供的高频正弦电流来驱动，通过测量 A、B 两点的电压差，便可以计算微型热敏电阻阻值的变化，从而换算得到温度的脉动信号。高频电压信号利用模数转换器 (National Instruments, 型号：BNC2110) 进行测量，其采样频率可以根据需求调节。

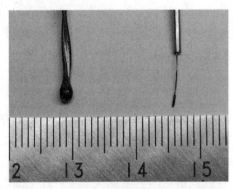

图 2.5　实验所用热敏电阻传感器实物图

单位：cm

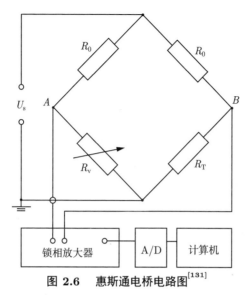

图 2.6　惠斯通电桥电路图[131]

A/D 模数转换器（analog-to-digital converter, National Instruments Inc., 型号 BNC2110）

2. 流动可视化

在流体力学实验中，对流场的测量主要分为两类，一类是以定性研究为主的流动可视化（flow visualization），另一类是以定量研究为主的速度场测量。流动可视化可以将看不见、摸不着的速度场和温度场直观地展示出来，帮助理解现象背后潜在的物理本质。对于湍流 RBC 系统，有几种常见的流动可视化技术，包括化学染色法、平面激光诱导荧光（planar laser induced fuorescence, PLIF）、阴影法（shadowgraph）、热敏液晶技术等。流场的定量测量主要包括粒子图像法和激光多普勒测速法 (laser dopple anemometry, LDA) 等。在旋转超重力热湍流系统中，由于装置高速旋转，常规的流动可视化技术难以使用，此处借鉴粒子图像法中示踪粒子的思路，采用条纹图法进行流动可视化。

条纹图法利用示踪粒子的轨迹来可视化流场结构，实验中使用棒状尼龙颗粒作为示踪粒子，其长度 $l = 3 \text{ mm}$, 直径 $d = 0.5 \text{ mm}$。尼龙材料的密度为 $\rho_\text{p} = 1140 \text{ kg/m}^3$，稍微比水重，所以利用体积分数为 54% 的甘油水溶液作为对流工质。甘油水溶液和水在 40 ℃ 下的物性参数对比如表 2.1所示，此时甘油水溶液的密度为 $\rho = 1140 \text{ kg/m}^3$，与尼龙颗粒十分接近，因而具有较好的跟随性。

表 2.1　　甘油水溶液和水在 40 ℃ 下的物性参数

	甘油比例（体积）	$\chi/$ (W/(m·K))	$\alpha/$ ($\times 10^{-4}$ K^{-1})	$\nu/$ ($\times 10^{-7}$ m^2/s)	$c_p/$ (J/(kg·K))	$\rho/$ (kg/m^3)
水	0	0.63	3.85	6.58	4178	992
甘油水溶液	54%	0.46	5.80	49.2	2626	1140

图 2.7 展示了流动显示所采用的装置，4 个发光二极管（light emitting diode, LED）作为光源，利用电荷耦合元件（charge coupled device, CCD）相机（Ximea, 型号：MD028MU-SY）从圆环对流槽的顶部进行拍照测量，镜头采用 35 mm 定焦镜头（Nikon，型号：AF-S DX 35 mm f/1.8 G）。可以注意到，在使用该镜头时，景深约为 0.6 m，此时拍摄到的图像是整个圆环高度方向的叠加。从 3.3.2 节可知，在实验的参数范围里，流动在轴向方向趋于二维化，故镜头的景深对测量得到的流场结构影响较小。此外，由于圆环系统高速旋转，很难将相机与圆环系统同步旋转，所以需要通过将相机固定，并调整相机的拍摄帧率使其与圆环系统的旋转速度一致，达到同步拍摄的目的。为了获得清晰的图像，将曝光时间设置为100 μs。CCD 相机记录的图片数据经 MATLAB 处理后便可以得到流动的条纹图，详细处理方法将在 3.4.1 节介绍。

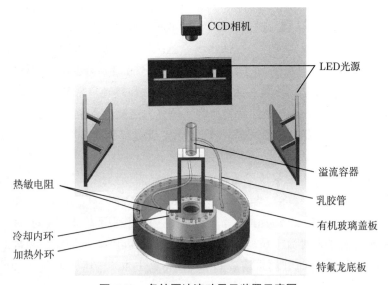

图 2.7　条纹图法流动显示装置示意图

2.1.3　漏热补偿和安全保护系统

为了高精度地测量系统的传热，有必要尽可能地减少系统向周围环境的漏热，对此，实验采取了很多特殊的措施来实现这个目标。根据傅里叶导热定律，要减小系统的漏热，需要减小系统与环境之间的温差，或者增大导热热阻。下文将从减小温差和增大热阻两个方面介绍在减小漏热上做的努力。

如图 2.8（a）所示，外环被一个铝合金框包裹，铝合金框的温度通过比例-积分-微分 (proportional integral derivative, PID) 控制器控制，将两片半导体制冷片（既可制冷又可制热）紧贴在铝合金框的外侧，在其内侧面安装 PT100 温度传感器来测量实际温度，PID 控制器通过计算设定温度与实际温度的差异输出一个控制信号，该信号控制固态继电器的闭合与断开，从而控制半导体制冷片的工作，使其与外铜环的温度保持一致。实验使用的 PID 控制器是由 Twidec 公司生产的 MT900-2，其理论控制精度达到 $0.1\,^{\circ}\mathrm{C}$，控温范围为 $0 \sim 400\,^{\circ}\mathrm{C}$，配套的三线制 PT100 的标准精度为 A 级，测量范围为 $0 \sim 200\,^{\circ}\mathrm{C}$，固态继电器的输入信号为 $5 \sim 32\,\mathrm{V}$（DC），控制负载为 $5 \sim 220\,\mathrm{V}$（DC）、10A，PID 控制器和固态继电器的实物图如图 2.9

（a）　　　　　　　　　　　　　　　（b）

图 2.8　绝热和安全保护措施

（a）绝热措施外观；（b）安全保护措施外观

所示。除此之外，作者团队还设计加工了两排铜管，将其置于如图 2.8（b）所示的隔热罩内，将铜管与循环水浴连接，利用循环水浴来控制隔热罩内环境空气的温度，使其与对流槽内的流体平均温度保持一致。

（a）　　　　　　　　　　　　　（b）

图 2.9　PID 控制器和固态继电器实物图

（a）PID 控制器；（b）固态继电器

　　除了减小装置和环境之间的温差外，还通过增大热阻来减小漏热。使用橡塑保温材料填充对流槽和铝合金框之间的间隙，并在铝合金框外同样包裹了一层橡塑材料。橡塑材料的导热系数为 $\chi \leqslant 3.4 \times 10^{-2}$ W/(m·K)，其具有优异的保温性能。

　　高速旋转装置的安全防护工作十分必要，机械旋转系统在强度设计时就预留了足够的安全裕度。此外，为了保证对流槽内的压力恒定，设计加工了一个溢流容器（图 2.8（a）），该容器与对流槽联通。图 2.8（b）展示了安装的防爆玻璃墙，其主要用于防止物体从高速旋转的系统里被意外甩出。当系统过热或超速时，安全控制器会自动断电，同时在实验室也安装了多个紧急停止按钮，用于意外情况下的紧急停车。针对整套实验平台编写了操作指南，只有经过培训并通过考核的专业人员才能操作。每隔一个月进行安全隐患排查，每隔三个月进行一次全面检修，从而保证实验的安全进行。

2.1.4　机电控制系统

　　实验系统的动力由安川电机公司旗下的 Sigma 7G 系列伺服电机提供，其最高转速为 1500 r/min，额定功率为 11 kW，额定转矩为 70 N·m。

该伺服系统可以通过可编程逻辑控制器 (programmable logic controller, PLC) 进行精密的转速、转矩控制，以满足实验的需求。伺服电机和主轴之间的传动比为 32:60 ≈ 1:1.88，两者由橡胶同步带相连。

图 2.10 为整个系统的机电控制线图，主要包括由计算机-数据采集设备-电滑环-传感器构成的数据测量采集线路，由计算机-循环水浴-液体滑环-内铜环构成的冷却回路，由计算机-PID 控制器-电滑环-内铜环加热器构成的加热线路，由计算机-PID 控制器-电滑环-铝合金保温框加热器构成的漏热补偿线路，由计算机-伺服驱动器-伺服电机-转速传感器构成的旋转驱动线路，由紧急按钮-安全控制器-警示灯警报器等构成的安全保护线路。

通过这些机电控制线路的密切配合，在保证安全的前提下，实现了转台的稳定运转、加热冷却的精准控制和信号的精密测量。

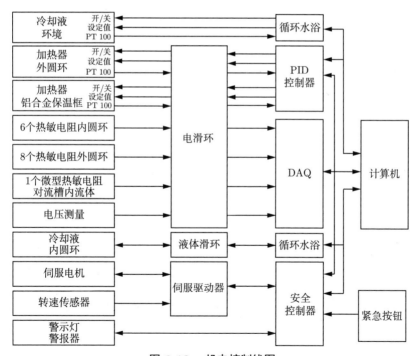

图 2.10　机电控制线图

DAQ（data acquisition），数据采集系统

2.2 粗糙表面湍流热对流实验平台

粗糙表面湍流热对流实验平台和 2.1 节介绍的旋转超重力热湍流实验平台有许多共通之处，故在此只介绍 2.1 节未涉及之处，主要包括粗糙表面对流槽结构和阴影法流动可视化技术。

2.2.1 粗糙表面对流槽结构

该实验在一个竖直的矩形对流槽中进行，如图 2.11（a）所示，主要包括三部分：上板、下板和侧壁。三者用四根不锈钢钢柱连接固定，以保证系统的气密性，防止漏水，使系统能够安全有效地运行。粗糙表面对流槽的实物图如图 2.11（b）所示。为了能够进行流动特性测量，侧壁使用透明的有机玻璃制成。侧壁是一个长方体空腔，其长为 251 mm、宽为 71 mm、高为 240 mm，壁厚 5.5 mm（有效尺寸长 L_x=240 mm、宽 L_y=60 mm、高 L_z=240 mm，$\Gamma = L_z/L_x = 1$）。同时，为了能够在实验中方便地向对流槽灌注流体工质，在有机玻璃容器的两侧各留了一个灌注口。为了增大上、下板的导热性能，选用紫铜作为其主体材料，并在表面镀上镍金属以增强其抗氧化能力。

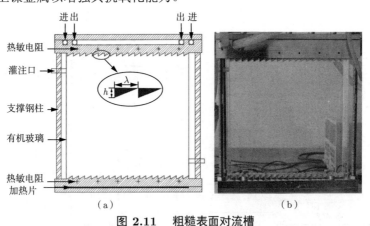

（a） （b）

图 2.11　粗糙表面对流槽

（a）粗糙表面对流槽结构示意图；（b）粗糙表面对流槽实物图

对流槽上、下板的表面都加工了非对称的棘齿结构，其高度 $h = 6$ mm，长度 $\lambda = 2h = 12$ mm，具体形状可参考图 2.11，此外还加工了表面光滑没有粗糙结构的板作为对比组实验。上、下板的正面均匀分布着 6 个直径为 3 mm、深度为 20 mm 的孔，用于安放热敏电阻温度计，这 6 个孔的位置分别距离板的左边缘 20 mm、60 mm、100 mm、140 mm、180 mm 及 220 mm。上板内加工了冷却室结构，如图 2.12 所示，冷却通道由两个宽度为 8 mm 的回路组成，两个回路交错排列。装置选用循环水浴来控制温度，冷却液由左、右两端两个相反的进水口进入，再由出水口排出，从而保证上板温度的均匀性。同时，为了增强循环水浴的控温能力，在循环水浴和冷却室相连的管道上覆盖了一层橡塑保温管，以减少管道的漏热。下板内安装了硅橡胶薄膜加热片，其规格为 24 V 100 W，尺寸为 240 mm × 60 mm × 0.3 mm。在实际的实验中，将使用两片加热器，将其平行叠合起来，作为系统的热源。加热片由直流电源（HY3005MT）供电，直流电源电压电流调节范围分别是 0 ~ 30 V（DC）、1 ~ 5 A，其电压稳定性为 99.99%。

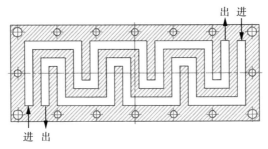

图 2.12   冷却室内流动通道布局示意图

同样，与旋转超重力热湍流系统类似，该平台也设计有精密的漏热补偿系统，如图 2.13 所示。首先，在光学实验台上放置一块木板，在木板上放置铝合金底座，再在铝合金底座里放置一块木板，将对流槽下板放在木板上，用橡塑保温材料塞满铝合金底座与下板之间的空隙。其次，将铝合金框套在有机玻璃侧壁外面，在有机玻璃侧壁和铝框之间塞满橡塑保温材料。铝合金底座和铝合金框分别利用 PID 控制系统将温度控制为流体平均温度 $\overline{T} = (T_\mathrm{h} + T_\mathrm{c})/2$ 和下板温度 T_h，并在其外面包裹一层 3 cm 厚的橡塑保温材料。最后，将上板包裹一层橡塑保温材料，构成整个系统的漏热补偿措施。

该系统也配备了完善的安全保护措施，因为对流槽已经被橡塑保温材料严密包裹，在实验运行过程中，很难判断其是否出现漏水情况，故需要设计自动断电系统。安全保护的工作原理是，在下板上安装一个 PT100 温度传感器，用 PID 控制器配合固态继电器来控制，PID 控制器设有一个安全温度警示线，当发生漏水时，下板温度会持续升高，达到安全温度警示线后，PID 控制器给固态继电器输出一关断信号，整个系统就会停止运行。

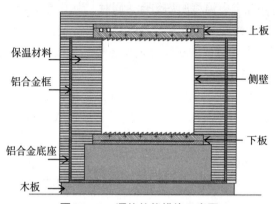

图 2.13　漏热补偿措施示意图

2.2.2　阴影法流动可视化技术

在粗糙表面湍流热对流实验研究中使用阴影法对整个对流槽内的流体流动结构进行可视化。

阴影法[132] 的原理是，流体工质的折射率取决于温度，当平行光线穿过热流体或冷流体以后，光路会发散或会聚，从而显示暗淡或明亮的区域。图 2.14 为一个典型的阴影法实验装置图。图中光源是一个白色的卤素灯，光线首先通过一个小孔形成点光源，然后在菲涅尔透镜的作用下近似变成平行光束。在对流槽的另一端，流体的图像将显示在一张油纸上，并由放置在屏幕后方的 CCD 相机记录下来。由于光线不是照射在一个特定平面，所以屏幕上的投影图像只是沿光路折射率对比度的积分。实验中为了减少光强度的不均匀性和其他光学缺陷的影响，在进行阴影法之前，会先拍一张背景照片，最后利用背景照片进行调整，就能得到充分反映流动结构的阴影图。

利用阴影法可以显示热羽流的形成、观察大尺度环流的结构，还可以计算大尺度环流的特征速度，从而分析其动力学特性。例如，Xi 等[89] 基于这种技术揭示了 LSCR 是羽流运动自组织的结果，Funfschilling 等[84,133] 发现了 LSCR 的扭转模型。

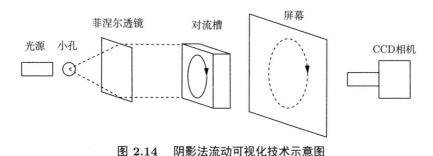

图 2.14 阴影法流动可视化技术示意图

2.3 数 值 方 法

本节主要介绍简化的物理模型、数值模拟中所使用的流动控制方程和数值模拟方法等内容。首先介绍适用于旋转超重力热湍流系统的柱坐标系下的流动控制方程和相应的直接数值模拟方法，然后给出适用于模拟粗糙表面结构的浸没边界法原理，以及在粗糙表面湍流热对流研究中的实现方式。

2.3.1 旋转超重力热湍流模拟

1. 控制方程

旋转超重力热湍流系统构型如图 2.15 所示，采用圆柱坐标系，坐标原点为底面圆心。内圆环的半径为 R_i，温度为 T_c；外圆环的半径为 R_o，温度为 T_h，内、外圆环的温差为 $\Delta = T_h - T_c$，间距即有效对流尺度为 $L = R_o - R_i$，轴向高度为 H，系统以恒定的角速度 ω 转动。

应用布西内斯克假设，即假设流体的运动学黏性系数 ν、热扩散系数 κ 和热膨胀系数 α 均为常数。考虑在非惯性参考系下的离心加速度 $\omega^2 R$ 和科里奥利力加速度 $-2\omega \times v$，其中 R 为以圆心为起点的位置矢量，v 为速度矢量，那么控制流体运动的纳维-斯托克斯方程为

$$\nabla \cdot v = 0 \tag{2-2}$$

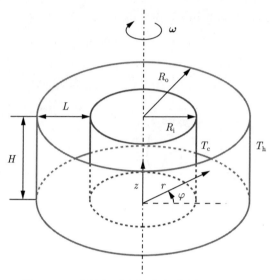

图 2.15 旋转超重力热湍流系统构型示意图

$$\frac{\partial \boldsymbol{v}}{\partial t} + \boldsymbol{v} \cdot \nabla \boldsymbol{v} = -\frac{1}{\rho} \nabla p' + \nu \nabla^2 \boldsymbol{v} - \alpha \delta T \omega^2 \boldsymbol{R} - 2\boldsymbol{\omega} \times \boldsymbol{u} \tag{2-3}$$

$$\frac{\partial T}{\partial t} + \boldsymbol{v} \cdot \nabla T = \kappa \nabla^2 T \tag{2-4}$$

其中：ρ、p' 和 T 分别是流体的密度、压强和温度；$\delta T = T - T_0$，T_0 为计算物性参数的平均温度。利用内、外圆环的间距 $L = R_o - R_i$，温差 $\Delta = T_h - T_c$，对流特征速度 $\sqrt{\omega^2 \dfrac{R_o + R_i}{2} \alpha \Delta L}$，对流特征时间 $\sqrt{L / \left(\omega^2 \dfrac{R_o + R_i}{2} \alpha \Delta \right)}$ 对上述方程进行无量纲化可得

$$\nabla \cdot \boldsymbol{u} = 0 \tag{2-5}$$

$$\frac{\partial \boldsymbol{u}}{\partial t} + \boldsymbol{u} \cdot \nabla \boldsymbol{u} = -\nabla p - Ro^{-1} \hat{\boldsymbol{\omega}} \times \boldsymbol{u} + \sqrt{\frac{Pr}{Ra}} \nabla^2 \boldsymbol{u} - \theta \frac{2(1-\eta)}{(1+\eta)} \boldsymbol{r} \tag{2-6}$$

$$\frac{\partial \theta}{\partial t} + \boldsymbol{u} \cdot \nabla \theta = \frac{1}{\sqrt{RaPr}} \nabla^2 \theta \tag{2-7}$$

其中：$\hat{\boldsymbol{\omega}}$ 为指向角加速度方向的单位矢量；$\boldsymbol{u}$ 和 θ 是无量化后的速度和

温度。其在柱坐标系下的分量形式为

$$\frac{\partial u_r}{\partial r} + \frac{u_r}{r} + \frac{1}{r}\frac{\partial u_\varphi}{\partial \varphi} + \frac{\partial u_z}{\partial z} = 0 \tag{2-8}$$

$$\frac{\partial u_r}{\partial t} + u_r\frac{\partial u_r}{\partial r} + \frac{u_\varphi}{r}\frac{\partial u_r}{\partial \varphi} - \frac{u_\varphi^2}{r} + u_z\frac{\partial u_r}{\partial z}$$

$$= -\frac{\partial p}{\partial r} + Ro^{-1}u_\varphi + \left(\frac{Ra}{Pr}\right)^{-1/2}\left(\frac{\partial^2 u_r}{\partial r^2} + \frac{1}{r}\frac{\partial u_r}{\partial r} - \right.$$

$$\left. \frac{u_r}{r^2} + \frac{1}{r^2}\frac{\partial^2 u_r}{\partial \varphi^2} - \frac{2}{r^2}\frac{\partial u_\varphi}{\partial \varphi} + \frac{\partial^2 u_r}{\partial z^2}\right) - \theta\frac{2(1-\eta)}{1+\eta}r \tag{2-9}$$

$$\frac{\partial u_\varphi}{\partial t} + u_r\frac{\partial u_\varphi}{\partial r} + \frac{u_\varphi}{r}\frac{\partial u_\varphi}{\partial \varphi} + \frac{u_r u_\varphi}{r} + u_z\frac{\partial u_\varphi}{\partial z}$$

$$= -\frac{1}{r}\frac{\partial p}{\partial \varphi} - Ro^{-1}u_r + \left(\frac{Ra}{Pr}\right)^{-1/2}\left(\frac{\partial^2 u_\varphi}{\partial r^2} + \frac{1}{r}\frac{\partial u_\varphi}{\partial r} - \right.$$

$$\left. \frac{u_\varphi}{r^2} + \frac{1}{r^2}\frac{\partial^2 u_\varphi}{\partial \varphi^2} + \frac{2}{r^2}\frac{\partial u_r}{\partial \varphi} + \frac{\partial^2 u_\varphi}{\partial z^2}\right) \tag{2-10}$$

$$\frac{\partial u_z}{\partial t} + u_r\frac{\partial u_z}{\partial r} + \frac{u_\varphi}{r}\frac{\partial u_z}{\partial \varphi} + u_z\frac{\partial u_z}{\partial z}$$

$$= -\frac{\partial p}{\partial z} + \left(\frac{Ra}{Pr}\right)^{-1/2}\left(\frac{\partial^2 u_z}{\partial r^2} + \frac{1}{r}\frac{\partial u_z}{\partial r} + \frac{1}{r^2}\frac{\partial^2 u_z}{\partial \varphi^2} + \frac{\partial^2 u_z}{\partial z^2}\right) \tag{2-11}$$

$$\frac{\partial \theta}{\partial t} + u_r\frac{\partial \theta}{\partial r} + \frac{u_\varphi}{r}\frac{\partial \theta}{\partial \varphi} + u_z\frac{\partial \theta}{\partial z}$$

$$= (RaPr)^{-1/2}\left(\frac{1}{r}\frac{\partial \theta}{\partial r} + \frac{\partial^2 \theta}{\partial r^2} + \frac{1}{r^2}\frac{\partial^2 \theta}{\partial \varphi^2} + \frac{\partial^2 \theta}{\partial z^2}\right) \tag{2-12}$$

其中：u_r、u_φ 和 u_z 分别是径向、周向和轴向速度分量。与经典 RBC 系统不同，对于旋转超重力热湍流系统而言，控制参数除了反映热驱动强度的 Ra 和反映物性参数的 Pr 之外，还有反映科里奥利力大小的罗斯贝数 (Rossby number, Ro) 和表征几何形状的半径比 η，这些无量纲控制参数的定义如下：

$$\begin{cases} Ra = \dfrac{\frac{1}{2}\omega^2(R_o + R_i)\alpha\Delta L^3}{\nu\kappa}, & Pr = \dfrac{\nu}{\kappa} \\[3mm] Ro = \dfrac{1}{2}\sqrt{\dfrac{\alpha\Delta(R_o + R_i)}{2L}}, & \eta = \dfrac{R_i}{R_o} \end{cases} \tag{2-13}$$

　　与经典 RBC 系统类似，旋转超重力热湍流系统的核心响应参数是反映对流传热效率的 Nu，但在柱坐标系下 Nu 的定义有一些差异，这里将简单推导 Nu 在该系统里的表达式。首先考虑在内、外圆环之间只存在热传导的情况，此时根据能量方程可得

$$\frac{\mathrm{d}}{\mathrm{d}r}\left(r\frac{\mathrm{d}T}{\mathrm{d}r}\right) = 0 \tag{2-14}$$

　　根据内外圆环温度边界条件 $T(R_\mathrm{i}) = T_\mathrm{c}$，$T(R_\mathrm{o}) = T_\mathrm{h}$，可以求得径向温度剖面为

$$T = T_\mathrm{c} + (T_\mathrm{h} - T_\mathrm{c})\frac{\ln(r/R_\mathrm{i})}{\ln(R_\mathrm{o}/R_\mathrm{i})} \tag{2-15}$$

在纯导热情况下的热通量为

$$J_\mathrm{con} = -\chi\frac{\mathrm{d}T}{\mathrm{d}r} = \frac{\chi\Delta}{r\cdot\ln(\eta)} \tag{2-16}$$

其中：$\chi = \kappa\rho c_p$ 是流体工质的导热系数，c_p 是流体的比热容。接下来考虑存在对流的情况，此时的能量方程为

$$\frac{\partial T}{\partial t} + \boldsymbol{v}\cdot\boldsymbol{\nabla}T = \kappa\boldsymbol{\nabla}^2 T \tag{2-17}$$

其在柱坐标系下的表达式为

$$\frac{\partial T}{\partial t} + \frac{1}{r}\frac{\partial}{\partial r}\left[r\left(v_r T - \kappa\frac{\partial T}{\partial r}\right)\right] + \frac{1}{r}\frac{\partial}{\partial\varphi}\left(v_\varphi T - \frac{\kappa}{r}\frac{\partial T}{\partial\varphi}\right) +$$
$$\frac{\partial}{\partial z}\left(v_z T - \kappa\partial\frac{\partial T}{\partial z}\right) = 0 \tag{2-18}$$

将能量方程做时间、周向和轴向平均可得

$$\frac{1}{r}\frac{\partial}{\partial r}\left[r\left(\langle v_r T\rangle_{t,\varphi,z} - \kappa\frac{\partial}{\partial r}\langle T\rangle_{t,\varphi,z}\right)\right] = 0 \tag{2-19}$$

即

$$r\left(\langle v_r T\rangle_{t,\varphi,z} - \kappa\frac{\partial}{\partial r}\langle T\rangle_{t,\varphi,z}\right) = \mathrm{Constant} \tag{2-20}$$

因此对流的热通量可以表达为

$$J_\mathrm{num} = \rho c_p\left(\langle v_r T\rangle_{t,\varphi,z} - \kappa\frac{\partial}{\partial r}\langle T\rangle_{t,\varphi,z}\right) \tag{2-21}$$

最后根据 Nu 的定义（对流热通量与纯导热下的热通量比值）可得

$$Nu_{\mathrm{num}} = \frac{J_{\mathrm{num}}}{J_{\mathrm{con}}} = \frac{\langle v_r T\rangle_{t,\varphi,z} - \kappa\dfrac{\partial}{\partial r}\langle T\rangle_{t,\varphi,z}}{\kappa\Delta[r\cdot\ln(\eta)]^{-1}} \tag{2-22}$$

2. 直接数值模拟方法

采用有限差分方法直接求解流动控制方程式(2-8)~ 式(2-12)，计算程序基于 AFiD 开源代码进行二次开发[24,127-128]。

对于空间导数项的离散化，采用二阶中心差分守恒格式，使用交错网格。网格在径向方向（温度梯度方向）采用非均匀网格，在固壁面附近加密，在周向和轴向采用均匀网格。为了阐释交错网格的特点，这里以笛卡儿坐标系下的二维交错网格示意图为例。如图 2.16 所示，速度分量储存在网格边界，温度场储存在与温度梯度方向相同的速度分量所在的网格，压强储存在网格中心。交错网格的优势是可以避免计算浮力项时的插值错误，避免棋盘误差。时间推进采用分步（fractional-step）三阶龙格-库塔（three-order runge-kutta, RK3）法，RK3 法的理论稳定极限（courant-friedrichs-lewy，CFL）等于 $\sqrt{3}$，在实际数值计算时，CFL 不超过 1.3。

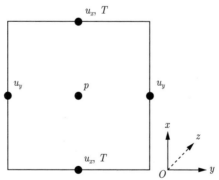

图 2.16　笛卡儿坐标系下的二维交错网格示意图[127]

主要求解步骤如下：首先利用离散的纳维-斯托克斯方程中的旧压力计算得到一个临时的、非无散速度场 u^*：

$$\frac{u^* - u^j}{\Delta_t} = B_1 M^j + B_2 M^{j-1} - B_3 \mathcal{G}p^j + B_3(\mathcal{A}_r^j + \mathcal{A}_\varphi^j + \mathcal{A}_z^j)\frac{u^* + u^j}{2} \tag{2-23}$$

其中：上标 j 代表一个迭代步；$\mathcal{A}_i$ 代表第 i 方向黏性项的离散微分算子；$\mathcal{G}$ 是离散梯度算子；B_1、B_2 和 B_3 是时间推进格式里的系数；M 包含对流项和带有单个速度导数的黏性项。其次，通过求解用于压力校正的泊松方程（poisson equation）来计算在每个网格处满足连续性方程所需的压力修正 ϕ：

$$\mathcal{L}\phi = \frac{1}{B_3 \Delta_t}(\mathcal{D}u^*) \tag{2-24}$$

其中：$\mathcal{D}$ 是离散的散度算子；$\mathcal{L}$ 是离散格式的拉普拉斯算子，$\mathcal{L} = \mathcal{D}\mathcal{G}$。利用式(2-24)所得的压力修正来更新速度场和压力场，从而得到一个无散的速度场：

$$u^{j+1} = u^* - B_3 \Delta(\mathcal{G}\phi) \tag{2-25}$$

$$p^{j+1} = p^j + \phi - \frac{B_3 \Delta_t}{2Re}(\mathcal{L}\phi) \tag{2-26}$$

为了提高计算效率，此处开发了并行算法，利用 2DECOMP 函数库[134] 将网格划分为"铅笔"（pencil）状的计算域，极大地提高了大规模计算的效率。

3. 数值参数

在数值模拟中，内、外圆环采用无滑移的速度边界条件、等温的温度边界条件；上、下表面（轴向）采用周期性边界条件。当 Ra 较小时，采用和实验一样的几何尺寸参数即 $\Gamma = H/L = 1$；但当 Ra 较大时，全场模拟的计算量太大，因此缩减了轴向计算域的尺寸，此时 $\Gamma = 1/4$ 或更小，甚至变成二维模拟（3.3节会介绍，当 $Ro^{-1} \gg 1$ 时，流场会变成准二维，所以二维模拟在一定程度上可以替代三维模拟）。

表 2.2展示了典型算例的相关数值参数，从左到右分别是 Ra、Pr、Ro^{-1}，周向、径向、轴向网格数，黏性边界层内网格数 $N_{\text{vis-bl}}$，温度边界层内网格数 $N_{\text{the-bl}}$，最大网格间距 Δ_g 与柯尔莫哥洛夫尺度（Kolomogorov scale）的比值（柯尔莫哥洛夫尺度由 $\eta_K = (\nu^3/\varepsilon_u)^{1/4}$ 估算，其中 $\varepsilon_u = \nu\kappa^2 L^{-4}Ra(Nu-1)\{2(\eta-1)[(1-\eta)\ln(\eta)]^{-1}\}$ 是通过精确关系计算的黏性耗散率），最大网格间距 Δ_g 与巴切勒尺度（Batchelor scale）的比值（巴切勒尺度由 $\eta_B = \eta Pr^{-1}$ [135] 估算），最大时间步长 Δ_t 与柯尔莫哥洛夫时间尺度（Kolomogorov time scale）的比值（柯尔莫哥洛夫时间尺

度由 $\tau_\eta = \sqrt{Pr/(Nu-1)}$ 估算）。模拟中的所有算例都保证了足够的网格精度。例如：当 $Ra = 4.7 \times 10^8$ 时，采用 $4608 \times 384 \times 384$ 的网格数；当 $Ra = 10^{11}$ 时，采用 $18432 \times 1536 \times 48$ 的网格数。为了获得稳定的统计特性，大多数算例都在稳定之后再计算 100 个以上的无量纲时间。此外，研究发现在旋转系统中，边界层相较于经典 RBC 系统更薄[136-137]，因此也对边界层内的网格分辨率进行了检验。如表 2.2所示，可以看到当 $Ra = 10^{11}$ 时，温度边界层内有 42 个网格点，速度边界层内有 56 个网格点，保证了足够的精度来解析边界层。同时，还检查了湍流体区内网格精度，对所有的算例都有 $\Delta_g/\eta_K \leqslant 1$ 和 $\Delta_g/\eta_B \leqslant 2$ 确保足以解析柯尔莫哥洛夫尺度和巴切勒尺度，以及 $\Delta_t/\tau_\eta \leqslant 1$ 确保时间推进的分辨率。

表 2.2　部分算例的数值模拟参数

Ra	Pr	Ro^{-1}	$N_\varphi \times N_r \times N_z$	$N_{\text{vis-bl}}$	$N_{\text{the-bl}}$	Δ_g/η_K	Δ_g/η_B	Δ_t/τ_η
10^7	4.3	400	$1536 \times 128 \times 128$	11	11	0.53	1.11	0.0066
2.2×10^7	4.3	58	$2304 \times 192 \times 192$	16	15	0.49	1.00	0.0077
4.7×10^7	4.3	58	$2304 \times 192 \times 192$	15	13	0.61	1.28	0.0084
10^8	4.3	400	$3072 \times 256 \times 256$	18	16	0.60	1.26	0.0076
2.2×10^8	4.3	58	$4608 \times 384 \times 384$	25	23	0.53	1.11	0.0065
4.7×10^8	4.3	58	$4608 \times 384 \times 384$	23	20	0.68	1.41	0.0057
1.16×10^9	4.3	58	$6144 \times 512 \times 128$	32	25	0.67	1.40	0.0043
2.2×10^9	4.3	58	$9216 \times 768 \times 96$	44	35	0.56	1.18	0.0016
4.7×10^9	4.3	18	$9216 \times 768 \times 96$	41	31	0.72	1.51	0.0025
10^{10}	4.3	18	$12288 \times 1024 \times 1$	51	39	0.69	1.44	0.0014
2.2×10^{10}	4.3	18	$15360 \times 1280 \times 1$	58	44	0.71	1.49	0.0010
4.7×10^{10}	4.3	18	$18432 \times 1536 \times 1$	64	48	0.76	1.58	0.0007
1×10^{11}	10.7	16	$18432 \times 1536 \times 48$	56	42	0.62	2.03	0.0005

2.3.2　粗糙表面湍流热对流系统模拟

1. 控制方程

粗糙表面湍流热对流的系统构型如图 2.17 所示，与旋转超重力热湍流系统不同，该系统采用笛卡儿坐标系，坐标轴固定在对流槽上，x、y 和 z 轴分别为对流槽的长度、厚度和高度方向。对流槽的长度为 L_x，厚

度为 L_y，高度为 L_z，底板温度为 T_h，上板温度为 T_c。这里考虑温度梯度的方向和重力方向之间的夹角为 β。当 $\beta = 0°$ 时，为 RBC 系统；当 $\beta = 90°$ 时，为 VC 系统；当 $0° < \beta < 90°$ 时，为倾斜对流系统。

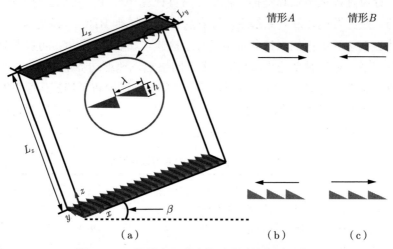

图 2.17 粗糙表面湍流热对流系统构型示意图

（a）实验系统装置示意图，插图反映了棘齿的几何定义；（b）情形 A 的流场示意图；
（c）情形 B 的流场示意图

同样对纳维-斯托克斯方程应用布西内斯克假设，控制方程如下：

$$\nabla \cdot \boldsymbol{v} = 0 \tag{2-27}$$

$$\frac{\partial \boldsymbol{v}}{\partial t} + \boldsymbol{v} \cdot \nabla \boldsymbol{v} = -\frac{1}{\rho}\nabla p' + \nu\nabla^2\boldsymbol{v} - \alpha\delta T\boldsymbol{g} \tag{2-28}$$

$$\frac{\partial T}{\partial t} + \boldsymbol{v} \cdot \nabla T = \kappa\nabla^2 T \tag{2-29}$$

其中：$\boldsymbol{g}$ 为重力加速度，在该坐标系下可写作 $\boldsymbol{g} = g\cos\beta\hat{\boldsymbol{z}} + g\sin\beta\hat{\boldsymbol{x}}$，其中 $\hat{\boldsymbol{z}}$ 和 $\hat{\boldsymbol{x}}$ 分别为 z 方向和 x 方向上的单位向量。利用对流槽高度 L_z，温差 $\Delta = T_h - T_c$，对流特征速度 $\sqrt{g\alpha\Delta L_z}$ 和对流特征时间 $\sqrt{L_z/(g\alpha\Delta)}$，对上述方程进行无量纲化可得

$$\nabla \cdot \boldsymbol{u} = 0 \tag{2-30}$$

$$\frac{\partial \boldsymbol{u}}{\partial t} + \boldsymbol{u} \cdot \nabla \boldsymbol{u} = -\nabla p + \sqrt{\frac{Pr}{Ra}}\nabla^2\boldsymbol{u} - \theta(\cos\beta\hat{\boldsymbol{z}} + \sin\beta\hat{\boldsymbol{x}}) \tag{2-31}$$

$$\frac{\partial \theta}{\partial t} + \boldsymbol{u} \cdot \nabla \theta = \frac{1}{\sqrt{RaPr}} \nabla^2 \theta \tag{2-32}$$

2. 浸没边界法

浸没边界法 (immersed boundary methods, IBM) 源于 Peskin[138] 于 1972 年开发的模拟心脏力学和相关血管系统中血液流动的方法。该方法的特点是可在不符合心脏几何结构的笛卡儿网格上进行模拟，并提出了一种新的方法来施加边界对流动的影响。这种方法自被提出以来已经进行了许多修改和改进，后来 Fadlun 等[129] 将该方法推广到三维流场，用于模拟复杂边界流固耦合问题。浸没边界法的思路是将流体与固体边界之间的相互作用在笛卡儿坐标系下用体积力来模拟，从而避免根据固体边界的形状来生成贴体网格的困难和所带来的大量计算消耗。

在粗糙壁面湍流热对流系统的研究中，主要利用浸没边界法来模拟固壁面上的粗糙结构边界，采用离散力法，体积力项根据边界条件计算得来。在式(2-31)的基础上添加由于边界条件引入的体积力，得到如下动量方程：

$$\frac{\partial \boldsymbol{u}}{\partial t} + \boldsymbol{u} \cdot \nabla \boldsymbol{u} = -\nabla p + \sqrt{\frac{Pr}{Ra}} \nabla^2 \boldsymbol{u} - \theta(\cos\beta \hat{\boldsymbol{z}} + \sin\beta \hat{\boldsymbol{x}}) + \boldsymbol{f} \tag{2-33}$$

其中：$\boldsymbol{f}$ 是根据边界条件推导计算得到的体积力，其通过对边界附近流场的作用使得流体在边界处速度为零，从而满足边界条件。

3. 数值参数

在数值模拟中，上、下板采用等温边界条件，侧壁面采用绝热边界条件，所有的固壁面采用无滑移速度边界条件。所有算例采用和实验一样的几何参数，即 $\Gamma_{x,z} = L_x/L_z = 1$，$\Gamma_{x,y} = L_x/L_y = 1/4$。

在数值模拟中，所有算例的网格精度都是足够的。例如，当 $Ra = 5.7 \times 10^9$ 时，网格数为 $1280 \times 1280 \times 256$。图 2.18 展示了在棘齿附近的网格结构，在棘齿尖端附近对网格进行了加密，在粗糙元高度范围内有 128 个网格点，在贴近固壁面的温度边界层内大约有 24 个网格点，足以捕捉边界层内的速度和温度梯度。

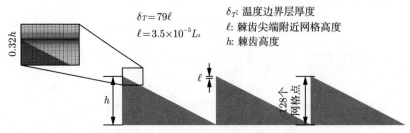

图 2.18　数值模拟中棘齿附近的网格结构

第 3 章　旋转效应对超重力热湍流系统的影响

本章将利用数值模拟和实验相结合的方式探究旋转效应对超重力热湍流系统传热和流动特性的影响。围绕因旋转而引入的离心力和科里奥利力这两个方面，首先考察了离心力随半径变化的影响，发现其对系统传热效率和流动结构的影响较小，主要发挥"类 NOB"效应的作用。然后发现，对于高速旋转的系统，科里奥利力会抑制流体在旋转轴方向的运动，即著名的泰勒-普劳德曼现象[93-95]。当系统处于该状态时，流场表现出准二维特性，并且传热效率也相应下降。同时，在实验中利用条纹图法对流场进行可视化，观察到了对流涡的大尺度周向运动，这一现象也出现在数值模拟中，并从科里奥利力和羽流运动的角度对此作出了解释。探索旋转效应对热对流系统的影响不仅有助于理解一些天文现象，也为后续利用旋转超重力提高 Ra 的研究打下了基础。

3.1　研　究　目　的

本书的主要工作之一就是提出旋转超重力热湍流模型，搭建旋转超重力热湍流实验平台，旨在利用高速旋转产生的强大离心力代替重力来极大地增加 Ra 的范围，从而研究高 Ra 条件下的湍流热对流现象。在该系统中，离心力是核心，是整个系统产生对流的驱动力，但是旋转系统不可避免地会引入科里奥利力的作用，探索和掌握科里奥利力对超重力热湍流系统传热和流动的影响是推广应用该系统的基础。此外，旋转系统中的离心力随半径位置而变化，有别于经典 RBC 系统中恒定重力的条件，所以研究随半径变化的离心力的影响同样十分重要。

如 1.2.4 节所述，背景旋转广泛存在于自然界或工业生产中的热对流过程，前人就此开展了诸多研究。例如，在旋转 RBC 系统中，背景旋转方向和温度梯度方向平行，在适当的科里奥利力的作用下，不至于严重抑制流动，反而会改变羽流等湍流结构，使其形成一个更有组织的形态。又如，埃克曼抽吸[101] 会增强系统的传热效率。而随着科里奥利力的进一步增强，科里奥利力会压缩对流，形成对流泰勒柱[102]，造成传热效率的减弱。此外，在旋转较弱时，旋转 RBC 系统可以不考虑离心力的作用；但是若旋转较强，离心力也不可忽略，其会使冷热流体在径向产生对流，系统的流动状态由科里奥利力和离心力共同决定[103]。

与旋转 RBC 系统不同，本书提出的旋转超重力热湍流模型的旋转方向与温度梯度方向垂直，意味着离心力的方向与温度梯度方向平行。前人虽然在研究天体、地球物理流动时，提出了使用旋转圆环对流系统进行模拟，旋转圆环对流系统和旋转超重力热湍流系统也有诸多相似之处（如温度梯度方向和旋转方向垂直），但是这两个系统从原理上来说仍具有一定的区别。从研究历史上来看，旋转圆环系统的提出主要是为了模拟如外地核内对流[106] 和赤道附近的大气对流[110-111] 等自然现象，抑或是燃气轮机中空腔内可压缩流体对流[113] 等工业生产过程。对于自然现象的模拟，所采用的实验装置大多尺寸较小，离心力小于重力或与重力相当，研究主要集中在不稳定性和流动状态演变，对湍流区间覆盖不足，传热和传热机理研究缺乏。对于工业生产过程的研究，采用气体作为工质，主要测量了系统的传热特性，但是精度有限，并且对流动特性研究不足，机理研究稍显缺乏。

综合上述针对旋转效应对热对流系统影响的研究，本书希望将数值模拟和实验相结合，系统地探索旋转效应对超重力热湍流传热和流动的影响，从而为将旋转超重力热湍流系统作为高 Ra 热湍流研究手段提供支持，也为更加深刻理解自然现象提供帮助。

3.2　离心力随半径变化对超重力热湍流系统的影响

在经典 RBC 系统中，重力在整个系统中是恒定不变的，而在旋转超重力系统里，离心力随半径位置是变化的，离心加速度 $a_c = \omega^2 r$ 和半径 r 成正比。在本书中，设计搭建的实验装置 $\eta = R_i/R_o = 0.5$，可见在外环附近的离心力是内环附近的两倍，所以有必要探索非均匀的驱动力所带来的影响。研究离心力随半径的变化对系统传热和流动的影响是本节的重点。

3.2.1　离心力随半径变化对系统传热特性的影响

在实验中，离心力随半径位置的变化是物理定律决定的，难以改变。但是可以在数值模拟中通过引入一个人工的恒定的力 $\omega^2 \dfrac{R_{\rm o} + R_{\rm i}}{2} \hat{r}$ 来代替离心加速度 $\omega^2 r$，其中 $\hat{r}$ 为径向的单位矢量，以实现针对离心力随半径变化影响的研究。数值模拟主要采用 2.3.1 节中所述的方法，在圆柱坐标系中求解布西内斯克方程。

图 3.1 是利用数值模拟得到的 Nu 随 Ra 的变化关系，图中的五角星为采用恒定人工加速度 $a_{\rm c1} = \omega^2(R_{\rm o} + R_{\rm i})/2$ 的结果；作为对照，三角形为采用随半径变化的真实离心加速度 $a_{\rm c2} = \omega^2 r$ 的算例，这些算例的数值模拟参数均为 $Ro^{-1} = 25$，$Pr = 4.3$ 和 $\eta = 0.5$。从图 3.1 可以看出，当 Ra 较小，如 $Ra = 10^6$ 时，采用人工恒定加速度的算例的 Nu 要略微地比采用真实离心力的算例更大，但实际上两者的差异仍然较小。而随着 Ra 的增大，离心力随半径变化对传热的影响也逐渐减小，在 $Ra = 10^8$

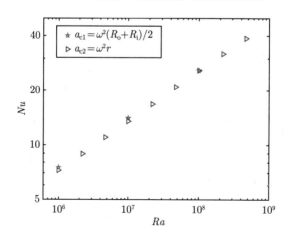

图 3.1　Nu 随 Ra 的变化关系

五角星为采用恒定人工加速度 $a_{\rm c1} = \omega^2(R_{\rm o} + R_{\rm i})/2$ 的算例，三角形为采用随半径变化的真实离心
加速度 $a_{\rm c2} = \omega^2 r$ 的算例。其他参数为 $Ro^{-1} = 25$，$Pr = 4.3$ 和 $\eta = 0.5$

时，两种情况传热的差异可以忽略不计。如果考察传热标度律，在采用恒定人工力的模拟中，标度律指数 $\gamma = 0.268 \approx 0.27$；在采用真实离心力的模拟中，标度律指数 $\gamma = 0.274 \approx 0.27$。综上所述，离心力随半径变化这一旋转系统固有特性对热对流系统传热效率的影响可以忽略不计。

3.2.2 离心力随半径变化对系统流动特性的影响

图 3.2 对比了采用恒定人工力的算例和采用真实离心力的算例的瞬时温度场，这些算例的数值模拟参数均为 $Ro^{-1} = 25, Pr = 4.3$ 和 $\eta = 0.5$。从图中可以看出，无论是 $Ra = 10^6$ 还是 10^7 或 10^8，采用真实离心力算例的流动结构和采用恒定人工力的算例基本相似。但是由于这六幅图共享同一个色标，显而易见第一排图像的体区温度高于第二排图像，说明离心加速度随着半径从 $\omega^2 R_i$ 增加到 $\omega^2 R_o$，体区的温度相较于驱动力（恒定为 $\omega^2(R_o + R_i)/2$）升高。图 3.3 展示了两种驱动力下的平均温度剖面图，可以看出在圆环对流中，由于几何形状的影响，系统体区的平均温度相较经典 RBC 系统体区的平均温度 $(T_c + T_h)/2$ 有所偏离，这是符合预期的。但对比这两种情况，可以发现离心力随半径的变化使得体区的平均温度略微增加，这和瞬时温度场是符合的。

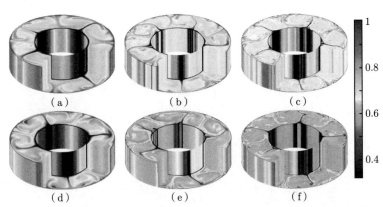

图 3.2 离心力随半径变化对系统流动特性的影响（前附彩图）
采用恒定人工力的算例（第二排）和采用真实离心力的算例（第一排）的瞬时温度场对比，
(a) 和 (d)：$Ra = 10^6$；(b) 和 (e)：$Ra = 10^7$；(c) 和 (f) $Ra = 10^8$
图中对于 $Ra = 10^6$ 和 10^7，内、外圆环面距冷却加热壁面距离 $0.05L$，而对于 $Ra = 10^8$ 时的距离为 $0.02L$，六幅图共享相同的色标，其他参数为 $Ro^{-1} = 25, Pr = 4.3$ 和 $\eta = 0.5$

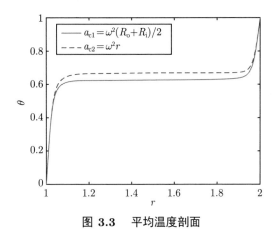

图 3.3　平均温度剖面

实线为采用恒定人工加速度 $a_{c1} = \omega^2(R_o + R_i)/2$ 的算例，虚线为采用随半径变化的真实离心加速度 $a_{c2} = \omega^2 r$ 的算例。其他参数为 $Ra = 10^7$，$Ro^{-1} = 25$，$Pr = 4.3$ 和 $\eta = 0.5$

　　综合上述结果，离心力随半径变化的影响可简单总结为，其对系统的传热效率影响较小，对流动结构几乎没有影响，但是会影响温度剖面，使体区的平均温度略微增加。离心力随半径变化的影响可以借助 NOB 效应[67-68] 来理解。NOB 效应指在经典 RBC 系统中，当温差较大时，要考虑运动学黏性系数 ν、热扩散系数 κ、热膨胀系数 α 随温度的变化，尤其是在冷热温度边界层里，温度变化较大，NOB 效应会改变冷热温度边界层的厚度，使得 RBC 中间体区的实际平均温度偏离上、下表面的算术平均温度。在旋转超重力热湍流系统中，考虑式(2-2)中的浮力项 $-\alpha\delta T\omega^2\boldsymbol{r}$ 可改写为 $-\left(\alpha\dfrac{2r}{R_o + R_i}\right)\delta T\omega^2(R_o + R_i)/2\hat{r}$，即可将离心力加速度随 r 的变化等效为体积膨胀系数随 r 的变化 $\alpha_{\text{eff}} = \alpha\dfrac{2r}{R_o + R_i}$。从这个角度看，离心力随半径的变化起到的作用就类似于经典 RBC 系统中的 NOB 效应，在当前覆盖的参数范围，其对传热特性和流动结构的影响较小。

3.3　科里奥利力对超重力热湍流系统的影响

　　科里奥利力是旋转系统中十分重要的作用力，其垂直于旋转轴和流体速度矢量所构成的平面，会对流场产生较大的影响。对于定常、缓慢、无黏流动，系统内的流动由科里奥利力主导，进入所谓的地转区间。那么在旋转超重力系统中，科里奥利力又会对系统传热效率和流动特性产生怎样的影响呢？对这个问题的回答是 3.3.1 节的核心。

3.3.1 科里奥利力对系统传热特性的影响

作者团队实施了一系列数值模拟来研究科里奥利力对系统传热特性的影响。在数值模拟中，Ro^{-1} 的范围覆盖 $10^{-2} \sim 4 \times 10^2$，$Ra$ 固定在 10^6，2.2×10^6，4.7×10^6，10^7，2.2×10^7，4.7×10^7，10^8，2.2×10^8 和 4.7×10^8。为了方便分析，图 3.4 仅展示了 $Ra = 10^7$ 和 $Ra = 10^8$ 的数据。

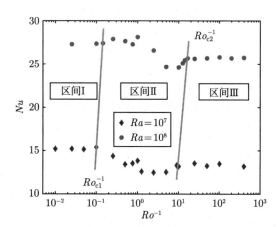

图 3.4　Nu 数随 Ro^{-1} 的变化关系

菱形 $Ra = 10^7$，圆形 $Ra = 10^8$，图中横坐标 Ro^{-1} 数被 Ro_{c1}^{-1} 和 Ro_{c2}^{-1} 划分为三个区间。
其他参数为 $Pr = 4.3$，$\eta = 0.5$

如图 3.4 所示，对于 $Ra = 10^7$，科里奥利力的影响可以分为三个区间：区间 I，当 $Ro^{-1} < Ro_{c1}^{-1}$（对于 $Ra = 10^7$，$Ro_{c1}^{-1} \approx 0.1$）时，科里奥利力较小，相较于浮力而言可以忽略，所以几乎不影响传热，Nu 不依赖于 Ro^{-1} 的变化；区间 III，当 $Ro^{-1} > Ro_{c2}^{-1}$（对于 $Ra = 10^7$，$Ro_{c2}^{-1} \approx 10$）时，科里奥利力足够强，系统由旋转效应主导，根据泰勒-普劳德曼定理[93-95]，沿着旋转轴方向的流动会被抑制，进入所谓的准地转区间，当然由于此时系统内的流场已经变成准二维，所以系统传热相较于区间 I 有明显的下降，并且科里奥利力的作用也趋于饱和，即使再进一步增大 Ro^{-1}，Nu 也几乎保持不变；区间 II，当 $Ro_{c1}^{-1} < Ro^{-1} < Ro_{c2}^{-1}$ 时，此区间流动受

Ra 和 Ro^{-1} 的联合控制，表现出丰富的动力学特性，结合 $Ra = 10^7$ 和 $Ra = 10^8$ 在区间 II 的数据可以发现，Nu 随 Ro^{-1} 的整体变化趋势是逐渐减小的，但并不是单调的，其会受流场的多态和对流涡的周向运动（纬向流，zonal flow）等的影响，在局部出现增大。区间 II 涉及 Ra（热驱动力）和 Ro^{-1}（科里奥利力）之间的竞争，在本书中暂不进行更为细致的讨论，相关研究可参考文献 [139]。

对比 $Ra = 10^7$ 的结果可以发现，当 $Ra = 10^8$ 时，Nu 具有相似的变化趋势（除了 Ro_c^{-1} 稍微变大了一些）。具体而言，对于 $Ra = 10^8$，有 $Ro_{c1}^{-1} \approx 0.15$ 和 $Ro_{c2}^{-1} \approx 15$。这是因为流场结构取决于浮力驱动力和科里奥利力之间的竞争，当 Ra 数更大时，为了使流场二维化，需要更强的旋转作用，也就是说需要增大 Ro^{-1} 才能克服驱动力增强带来的影响。

3.3.2　科里奥利力对系统流动特性的影响

图 3.5展示了 $Ra = 10^7$ 和 $Ra = 10^8$ 的瞬时温度场随 Ro^{-1} 增大的变化。以图 3.5（b）为例，当 $Ro^{-1} = 0.1$（图 3.5（b）中的 I）时，流场还是完全三维的状态，此时科里奥利力太小，不足以有效地改变流动，因此在 $Ro^{-1} < 0.1$ 时，系统的传热效率和流动结构也不会随 Ro^{-1} 而变化。但随着 Ro^{-1} 逐渐增大超过 Ro_{c1}^{-1} 后，增大的科里奥利力倾向于抑制对流的竖直方向运动，反映在瞬时温度场中就是流动结构在竖直方向被压缩，在水平面被拉伸，这与泰勒-普劳德曼定理相符。流场的二维化解释了当 $Ro^{-1} > Ro_{c1}^{-1}$ 时系统的传热效率整体下降的原因，这一影响也[140] 在对比研究二维和三维 RBC 系统的差异时有所报道。如图 3.5（b）VIII 所示，此时 $Ro^{-1} = 25 > Ro_{c2}^{-1}$，流场已经几乎变成二维状态，所以即使进一步增大 Ro^{-1}，科里奥利力的影响也已经饱和，Nu 不再随 Ro^{-1} 变化。值得一提的是，在 $Ro_{c1}^{-1} < Ro^{-1} < Ro_{c2}^{-1}$ 区间出现的 Nu 的非单调变化也与流场的多态有关，对于 $Ra = 10^8$，$Ro^{-1} = 1$ 的 Nu 高于 $Ro^{-1} = 0.5$，这是因为前者拥有四对涡（图 3.5（b）V），而后者仅存在三对涡（图 3.5（b）IV）。一般而言，更多的对流涡意味着更高的输运效率[141-143]。

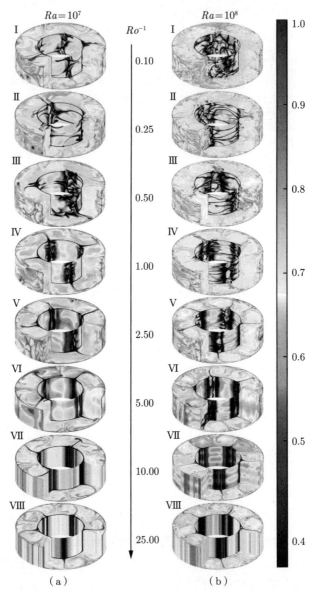

(a)　　　　　　　　　　　(b)

图 3.5　数值模拟得到的瞬时温度场（前附彩图）

(a) $Ra = 10^7$；(b) $Ra = 10^8$

对于 $Ra = 10^7$，内、外圆环面距冷却加热壁面的距离为 $0.05L$，而对于 $Ra = 10^8$，距离为 $0.02L$，所有温度场共享相同的色标，其他参数为 $Pr = 4.3$ 和 $\eta = 0.5$

如上文所述，当 $Ra = 10^8$ 时，临界 Ro_{c}^{-1} 比当 $Ra = 10^7$ 时稍大。这是因为当 $Ra = 10^8$ 时，为了维持流场保持二维状态，需要更强的科里奥利力，即更大的 Ro^{-1}。这里通过对比 $Ra = 10^7$ 和 $Ra = 10^8$ 的流场结构来直观地证实这个解释。如图 3.5（b）的 VII 所示，此时 $Ro^{-1} = 10$，可见当 $Ra = 10^8$ 时的流场在 z 方向仍然存在变化，但对于 $Ra = 10^7$ 在相同的 Ro^{-1} 下，流场已经变成二维状态了（图 3.5（a）VII）。

此外，利用轴向速度脉动 $\langle \sigma(u_z) \rangle_{r,\varphi,z}$ 来将泰勒-劳德曼理论的影响定量化。如图 3.6 所示，在 $Ro^{-1} < Ro_{\mathrm{c}1}^{-1}$ 时，$\langle \sigma(u_z) \rangle_{r,\varphi,z}$ 几乎是定值，不随 Ro^{-1} 变化。接着，随着 Ro^{-1} 的增大，$\langle \sigma(u_z) \rangle_{r,\varphi,z}$ 也逐渐减小。最终在 $Ro^{-1} > Ro_{\mathrm{c}2}^{-1}$ 之后，$\langle \sigma(u_z) \rangle_{r,\varphi,z}$ 趋近于零，说明系统内的流场几乎已经二维化。$\langle \sigma(u_z) \rangle_{r,\varphi,z}$ 随 Ro^{-1} 的整体变化趋势是与 Nu 和 Ro^{-1} 的依赖关系契合的。在确定 $Ro_{\mathrm{c}1}^{-1}$ 和 $Ro_{\mathrm{c}2}^{-1}$ 时需要将 Nu 随 Ro^{-1} 的变化关系和 $\langle \sigma(u_z) \rangle_{r,\varphi,z}$ 随 Ro^{-1} 的变化关系结合起来分析，且主要以 $\langle \sigma(u_z) \rangle_{r,\varphi,z}$ 随 Ro^{-1} 的变化关系为主，通过寻找 $\langle \sigma(u_z) \rangle_{r,\varphi,z}$ 开始减小和变为零的位置确定临界 Ro_{c}^{-1}。

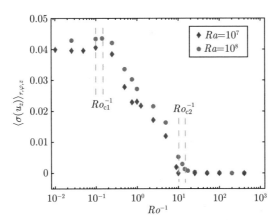

图 3.6　数值模拟得到的轴向速度脉动 $\langle \sigma(u_z) \rangle_{r,\varphi,z}$ 随 Ro^{-1} 的变化关系

其他参数为 $Pr = 4.3$ 和 $\eta = 0.5$

上文以 $Ra = 10^7$ 和 $Ra = 10^8$ 的数据为例，分析了科里奥利力对系统传热效率和流动特性的影响，并且通过流动结构和轴向速度脉动解释了传热效率随 Ro^{-1} 变化的原因。图 3.7 展示了 Ra 分别等于 10^6、2.2×10^6、

4.7×10^6、10^7、2.2×10^7、4.7×10^7、10^8、2.2×10^8 和 4.7×10^8 时，Nu 和轴向速度脉动 $\langle \sigma(u_z) \rangle_{r,\varphi,z}$ 随 Ro^{-1} 的变化关系。根据图 3.7 (a) 中 Nu 不受科里奥利力影响，以及科里奥利力影响饱和的区间（或是图 3.7 (b) 中 $\langle \sigma(u_z) \rangle_{r,\varphi,z}$ 开始减小的位置以及变成零的位置），可以在每个 Ra 求解对应的 Ro_c^{-1}，因此可以得到 (Ra, Ro^{-1}) 参数空间里区间 I、区间 II 和区间 III 的边界。

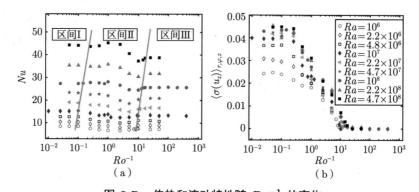

图 3.7 传热和流动特性随 Ro^{-1} 的变化

（a）Nu 随 Ro^{-1} 的变化关系；（b）轴向速度脉动 $\langle \sigma(u_z) \rangle_{r,\varphi,z}$ 随 Ro^{-1} 的变化关系

其他参数为 $Pr = 4.3$ 和 $\eta = 0.5$

科里奥利力除了会抑制轴向方向的流动之外，还会对水平面（$r - \varphi$ 平面）的流动产生影响。图 3.8 是通过数值模拟得到的 Re 随 Ro^{-1} 的变化关系，Re 利用经周向和轴向平均的最大周向均方根速度 $U_{rms} = (\langle (u_\varphi)_{rms} \rangle_{z,\varphi})_{max}$ 定义。从图 3.8 中可以看出，无论是 $Ra = 10^7$ 还是 $Ra = 10^8$，系统内的 Re 受科里奥利力的影响均较大，就整体趋势而言，科里奥利力会增强水平面大尺度环流的强度。具体来看，Re 随 Ro^{-1} 的变化趋势与 Nu 和 $\langle \sigma(u_z) \rangle_{r,\varphi,z}$ 随 Ro^{-1} 的变化趋势有所差别。Nu 和 $\langle \sigma(u_z) \rangle_{r,\varphi,z}$ 随 Ro^{-1} 的变化趋势相互符合得较好，可以用区间 I、区间 II 和区间 III 进行规律划分。而 Re 随 Ro^{-1} 的变化关系并不完全和区间 I、区间 II 和区间 III 对应，Re 在区间 I 大致保持不变，随着 Ro^{-1} 增大而迅速增大，在 $Ro^{-1} \approx 1$ 附近达到最大，而后几乎保持不变。Re 的这一走势也解释了在区间 II 中 Nu 并不严格随 Ro^{-1} 单调变化的原因，因为 Re 在 $Ro^{-1} \approx 1$ 附近就已达到最大，而完全二维化在 $Ro^{-1} = Ro_{c2}^{-1}$ 时才

达到。区间 II 中科里奥利力对周向运动的抑制和对大尺度环流的增强作用、离心浮力的驱动作用和黏性力的耗散作用共同决定了传热和流动特性，这值得持续、深入地研究。

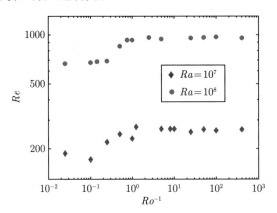

图 3.8　数值模拟得到的 Re 随 Ro^{-1} 的变化关系

$Re = U_{\text{rms}} L/\nu$，$U_{\text{rms}} = (\langle (u_\varphi)_{\text{rms}} \rangle_{z,\varphi})_{\max}$ 为经周向和轴向平均的最大周向均方根 (root mean square, RMS) 速度。其他参数为 $Pr = 4.3$ 和 $\eta = 0.5$

科里奥利力会增强大尺度环流的强度这一效应也在 Rouhi 等的研究中体现[139]。他们在数值计算中考虑了 $R \gg L$ 的情况，即薄圆环层忽略曲率的变化，发现在 $Ro_{\text{opt}}^{-1} = 0.8$ 附近，壁面摩擦系数 C_{f} 达到最大，意味着此时流场强度最强，同样说明了科里奥利力会增强对流平面的流动强度。

3.4　纬　向　流

纬向流 (zonal flow) 现象被科学家在研究天体和地球物理流动[4,144]时观察到，其对认识自然界具有重要意义。人们在超重力热湍流系统中也观察到了纬向流现象，表现为对流涡的周向运动，其主要在科里奥利力与冷却加热圆环的不对称性综合作用下产生，本节将从实验和数值模拟两个角度来介绍这一流动特性。

3.4.1　纬向流在实验中的发现与条纹图法流动显示

图 3.9 是实验中利用水作为工质在 $Ra = 6.6 \times 10^9$，$Pr = 4.3$，$Ro^{-1} = 18$ 时测量得到的局部温度信号的时间序列，局部温度测量采用 2.1.2 节

介绍的微型热敏电阻，其具有较小的时间常数，能够快速响应温度的高频脉动，测量点位于距冷却圆环表面 30 mm，底面 $z = H/2$ 处。

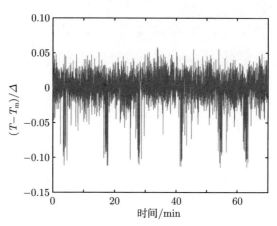

图 3.9   局部温度信号的时间序列

测量点位于距冷却圆环表面 30 mm，底面 $z = H/2$ 处，具体位置可参考图 2.2（b），其他参数为
$Ra = 6.6 \times 10^9$，$Pr = 4.3$，$Ro^{-1} = 18$，$\eta = 0.5$

作为对比，此处引用了 Zhou 等[29] 在经典 RBC 系统中测量的距底板 $z = 28.3$ mm 处的局部温度序列，如图 3.10 所示。在经典 RBC 系统中，局部温度信号可以看作两部分的叠加，一是体区里背景温度脉动，二是热羽流间歇经过造成的温度波动。对于经典 RBC 系统，从图 3.10 中可见热羽流的排放是相对随机的；而对于旋转超重力热湍流系统，如图 3.9 所示，羽流信号表现出了准周期性，并且这一准周期性温度信号的时间间隔约为 10 min，远大于图 3.10 中经典 RBC 系统的羽流排放时间尺度 20 s。由于在本实验中，局部温度的测量点靠近冷壁面，所以测量到的温度脉动信号为冷羽流

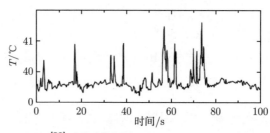

图 3.10   Zhou 等[29] 测量的经典 RBC 系统中局部温度信号的时间序列

$Ra = 3.2 \times 10^{11}$，$Pr = 4.3$，测量点位于距底板 $z = 28.3$ mm，实验装置高度为 $L_z = 760$ mm

信号。冷羽流信号所展现的准周期性有两种可能的原因：一是冷羽流准周期性地从壁面温度边界层脱落，当准周期性产生的羽流经过温度测量点时，会观察到温度脉动的准周期性；二是羽流的脱落产生是相对连续的，但是相干结构整体在圆周方向做准周期性运动，周向运动的羽流结构准周期性地扫过温度测量点，也会在温度测量时观察到准周期性信号。

　　为了解答产生准周期性局部温度脉动的原因，利用条纹图法进行流动显示。条纹图法的实验装置和实验过程已在 2.1.2 节介绍，在此不再赘述，主要介绍照片数据的处理方法，如图 3.11 所示。图 3.11（a）是利用 CCD 相机拍摄的原始照片，实验参数为 $Ra = 1.4 \times 10^9$，$Pr = 31.9$，$Ro^{-1} = 15.2$，照片中的黑色颗粒为示踪粒子，其密度与流体工质的密度一致，具有良好的跟随性，能够真实地反映流体的流动结构。将原始照片去除背景（无流动、无示踪粒子时的照片），利用 MATLAB 程序提取每一个粒子的中心和边界，根据提取的粒子信息可以重建反映粒子形状和位置的二值图。如图 3.11（b）所示，二值图中的背景被设置为黑色，而示踪粒子被设置为白色。为了展示示踪粒子的运动轨迹，将 40 张连续的二值图叠加（相当于多重曝光），可以得到如图 3.11（c）所示的条纹图。该条纹图可以展示粒子的运动轨迹，从而清晰地反映系统内的流动结构。

　　　（a）　　　　　　　　　（b）　　　　　　　　　（c）

图 3.11　条纹图法处理方法（前附彩图）

（a）利用 CCD 相机拍摄得到的原始照片，实验参数为 $Ra = 1.4 \times 10^9$，$Pr = 31.9$，
$Ro^{-1} = 15.2$；（b）根据原始照片处理得到的二值图，白色区域展示了示踪粒子的位置和形状；
（c）叠加 40 张连续的二值图得到的条纹图，展示了对流涡的流动结构

　　利用条纹图法流动显示技术，可以得到如图 3.12 所示的流场结构图，实验参数为 $Ra = 1.4 \times 10^9$，$Pr = 31.9$，$Ro^{-1} = 15.2$。从上往下看，整个系统顺时针转动，但通过同步拍摄，三幅图中的实验装置相对背景

处于同一位置，图中反映的运动即流体相对实验装置的运动。可以看出存在四对涡平行于旋转轴，选择其中一个对流涡并用黄色椭圆标记（从图 3.12（a）～（c）），可以发现对流涡绕中心顺时针运动，并且运动的绝对速度超过了系统的背景旋转速度。通过流动显示可以证明，对流涡绕中心的周向运动携带冷羽流臂周期性地扫过温度测量点，造成了局部温度时间序列的准周期性脉动。

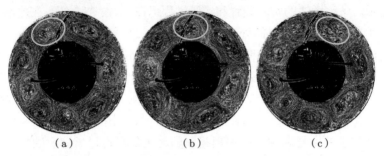

（a）　　　　　　　　　　（b）　　　　　　　　　　（c）

图 3.12　　条纹图法流动显示流场结构图（前附彩图）

图中黄色椭圆标记了其中一个对流涡，实验参数为 $Ra = 1.4 \times 10^9$，$Pr = 31.9$，$Ro^{-1} = 15.2$

3.4.2　产生纬向流的物理原因

在数值模拟中，人们同样观察到了对流涡绕中心做周向运动的现象。图 3.13 展示了平均周向速度 $\langle u_\varphi \rangle_{\varphi,z}$ 剖面沿径向的分布，可见经过长时间平均，系统内流体的周向速度仍然不为零，说明在周向存在净流动，亦即存在纬向流。

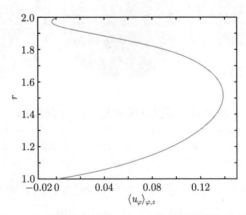

图 3.13　　平均周向速度 $\langle u_\varphi \rangle_{\varphi,z}$ 剖面沿径向的分布

$\langle \cdot \rangle_{\varphi,z}$ 表示时间、周向和轴向平均，其他参数为 $Ra = 10^7$，$Pr = 4.3$，$Ro^{-1} = 1$

　　为了解释这一物理现象产生的原因，在图 3.14 中画出了数值模拟中不同时刻的瞬时温度场。首先，为了方便分析，利用黑色的椭圆标记了冷羽流臂，可见以系统为参考系，冷羽流臂在沿着旋转轴顺时针方向转动，表明纬向流的存在。那么究竟是什么造成对流涡的周向净转动呢？如图 3.14（a）所示，用虚线表示没有科里奥利力作用时羽流的运动方向。在科里奥利力的作用下，当系统顺时针旋转时，羽流会向左偏转。图 3.14（a）为羽流刚刚形成的时期，此时可以看见热羽流的偏转角 a 近似等于冷羽流的偏转角 b。然而，由于内外圆环曲率的差异，冷、热羽流相似的偏转角却产生了不同的影响：热羽流偏转后直接撞击冷羽流产生的区域 A，该方向与内圆环相切，会直接推动流体顺时针方向运动；然而，偏转后的冷羽流却并不能直接影响热羽流的运动，其撞击外圆环的位置 B 距离热羽流发射区较远。因此，热羽流在整个过程起到主导作用，会推动流体沿着背景旋转的方向运动。为了验证这一解释，在实验和数值模拟中将系统背景旋转方向反转变成逆时针方向，这时系统内纬向流的方向也变成了逆时针。

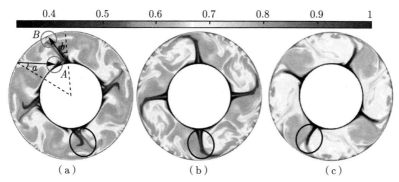

图 3.14　不同时刻的瞬时温度场（前附彩图）

背景旋转方向为顺时针，三张图共享色标，其他参数为 $Ra = 10^7$，$Pr = 4.3$，$Ro^{-1} = 1$
（a）时刻一；（b）时刻二；（c）时刻三

　　上述解释主要立足于内、外圆环曲率差异使得受科里奥利力作用的热羽流在与冷羽流之间的竞争中占优，为了进一步验证该结论，通过实验考察了不同半径比 η 情况下纬向流的特性。图 3.15 展示了不同半径比 η 下，平均周向速度 $\langle u_\varphi \rangle_{\varphi, z}$ 剖面沿径向的分布。平均周向速度可以用来度量纬向流的强度。从图 3.15 中可以看出，随着半径比 η 从 0.4 增大到 0.9，内、外圆环的曲率差异越来越小，纬向流的强度也越来越弱。这说明内、外圆环的曲率差异的确会对偏转后的冷热羽流产生不同的影响，热羽流占优后会主导整体流动，使对流涡沿着背景旋转的方向运动。

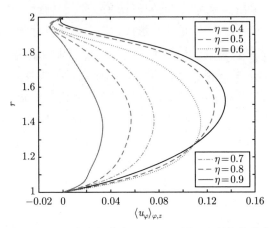

图 3.15　平均周向速度 $\langle u_\varphi \rangle_{\varphi,z}$ 剖面沿径向的分布

图中曲线的半径比分别为 η =0.4、0.5、0.6、0.7、0.8 和 0.9，其他参数为 $Ra = 10^7$，$Pr = 4.3$，$Ro^{-1} = 1$

图 3.16 对应图 3.15 中各个不同半径比下的平均周向速度场，与平

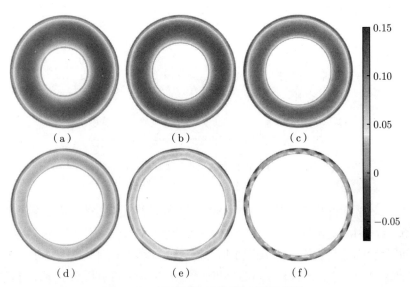

图 3.16　平均周向速度场（前附彩图）

（a）$\eta = 0.4$；（b）$\eta = 0.5$；（c）$\eta = 0.6$；（d）$\eta = 0.7$；（e）$\eta = 0.8$；（f）$\eta = 0.9$ 六张图共享色标，其他参数为 $Ra = 10^7$，$Pr = 4.3$，$Ro^{-1} = 1$

均周向速度剖面相符，随着半径比 η 的增大，对流涡的周向运动逐渐减弱。该图直观地说明了内、外圆环的曲率会改变对流涡的对称性、影响羽流的相互作用，使热羽流在与冷羽流的竞争中占优，从而产生纬向流。半径比 η 在纬向流中扮演着重要的角色，不同的 η 可能会导致不同类型的纬向流。例如，当 η 趋近于 1 时，可能在近壁面附近观察到两个方向相反的大尺度风[144]。

第 4 章　高瑞利数下的湍流传热与湍流终极区间

本章以旋转超重力热湍流实验平台为核心，辅以数值模拟，探索了高 Ra 区间下的传热标度律。本书的核心目标在于利用高速旋转产生的强大离心力代替经典 RBC 系统中的重力作为驱动力，从而实现高 Ra 下的湍流热对流研究。通过自主设计、加工、调试，成功搭建了旋转超重力热湍流实验平台，该实验平台最高可实现 100 倍的重力加速度，满足传热和流动的高精度测量。在低 Ra 区间对实验平台和数值模拟进行了双向验证，保证了研究方法的可靠性。旋转超重力热湍流实验分为两个阶段：阶段一，以水作为工质，实现 $5g \sim 60\,g$ 的离心加速度范围，在 $Ra \approx 5 \times 10^{10}$ 观察到 Nu 正比于 Ra^γ 的标度律出现转变趋势；阶段二，以 Novec 7200 工程流体作为工质，实现高达 $100\,g$ 的离心加速度，在近两个量级的 Ra 区间观察到 $\gamma = 0.40 \pm 0.01$ 的标度律指数，这意味着 Kraichnan 预测的湍流终极区间得以实现。

4.1　研 究 目 的

高 Ra 下的湍流热对流研究意义重大。一方面，自然界中如外地核内的液态金属对流，工业生产中如核反应堆内对流，都处于极高 Ra 区间，研究高 Ra 区间的湍流传热特性能帮助人们认识自然，优化工业过程；另一方面，对于湍流热对流的理论研究来说，Kraichnan 提出的湍流终极区间理论仍待进一步实验验证。有鉴于此，大量的实验和数值模拟针对高 Ra 下的湍流热对流展开，以探索湍流终极区间的奥秘。

实验研究方面，Chavanne 等[45-46] 利用低温氦气实现了 Ra 为 $10^3 \sim$

10^{14} 的目标，发现当 $Ra \geqslant 10^{10}$ 时，传热标度律指数从 2/7 增大到 0.38。但 Niemela 等[47-48] 却表明，Ra 即使增大到 10^{15}，传热标度律指数仍未发生转捩。这一矛盾可能与低温氦气处于临界点附近，Ra 和 Pr 之间存在依赖关系或边壁效应等因素有关，目前尚无确切答案。实验中提高 Ra 的另一思路是建造大型的热对流装置，提高系统特征尺寸 L，但这一方法也受到诸多限制，可见从实验的角度要实现超高 Ra 条件具有较大的挑战性。

在数值模拟方面，计算资源消耗与 $Ra^{3/2} \ln Ra$ 成正比，在现有的计算机技术下，Ra 的提高十分困难，对于高精度的三维数值模拟而言，目前文献报道的最大 Ra 仅为 2×10^{12}，在该 Ra 范围内并未观察到传热标度律的转捩。

作为 RBC 系统的"双胞胎"模型，泰勒-库埃特（Taylor-Coutte, TC）系统也是研究封闭湍流的经典模型。在 TC 系统中，壁面粗糙结构在压力梯度的影响下，可以使角动量输运达到渐进的湍流终极区间[145]。而在 RBC 系统中，缺乏类似的压力阻力的作用，粗糙表面的存在并不会使系统达到终极区间，如 1.2.5 节综述，虽然在一定的 Ra 区间，标度律指数会增大，但当 Ra 进一步增大，系统会从区间一进入区间二，即传热标度律指数会退回到经典 RBC 系统中的 $\gamma \leqslant 0.33$。

本书另辟蹊径，通过增大浮力项中的重力加速度来提高 Ra，一是结合数值模拟验证该方案的可行性，二是希望借此方案研究高 Ra 下热湍流的湍流结构和湍流输运，探索湍流终极区间。

4.2　实　验　过　程

旋转超重力实验平台相较经典 RBC 系统更为复杂，实验装置已在 2.1 节中详细展示，此处仅介绍整体概况。

旋转超重力实验平台的核心部分是可调控的高速旋转的圆环对流槽装置，其由内、外两个紫铜材质的圆环组成，内圆环冷却、外圆环加热，形成指向圆心的温度梯度，上、下端面分别为具有良好隔热性能的有机玻璃板和特氟龙板，以实现等温绝热边界条件，整个对流槽装置可在旋转部件的带动下围绕其对称轴高速旋转，高速旋转产生的离心力作为驱动力驱使对流槽内的流体形成热对流。整个平台还包括高精度的温度和传热测量系统、流动可视化系统、漏热补偿系统和安全保护系统。通过上述实验平台，可在保证安全的前提下探索旋转超重力系统的流动结构和湍流输运特性。

对于经典 RBC 系统，系统的控制参数为 Ra、Pr 和宽高比 $\varGamma$。对于选定的对流槽装置，宽高比 $\varGamma$ 是固定的，若流体工质确定下来，那么 Ra 和 Pr 仅为温度的函数。实验中一般通过控制加热功率来控制温差，通过控制冷却板的温度来调节平均温度。因为在经典 RBC 系统中，体区的平均温度近似为上、下板温度的算术平均值，系统内流体工质的物性参数以上、下板的平均温度作为温度参考点进行计算。当平均温度确定后，Pr 也随之确定，这时通过改变上、下板的温差便可以调节 Ra。系统传热效率的测量过程就是固定平均温度（Pr），通过改变温差来实现 Ra 的变化，并测量对应 Ra 下的 Nu，便可以得到 Nu 随 Ra 的变化关系。

与经典 RBC 系统不同，旋转超重力热湍流系统中的控制参数为 Ra、Pr、Ro^{-1} 和半径比 η。其中 $Ra = [\omega^2(R_{\mathrm{o}} + R_{\mathrm{i}})/2L^3]/\nu\kappa$，可见即使当装置的几何形状和流体工质的物性参数已经确定，Ra 也并不完全由冷却加热面的温差决定。而对于 $Ro^{-1} = 2[\alpha\Delta(R_{\mathrm{o}} + R_{\mathrm{i}})/(2L)]^{-1/2}$，可以发现若几何参数和物性参数确定，其仅为温差 Δ 的函数。所以在实验中，通过控制系统的平均温度来控制 Pr 等物性参数，通过改变温差 Δ 来控制 Ro^{-1}，通过改变旋转速度 ω 来控制 Ra。具体到测量传热效率时，为了得到 Nu 随 Ra 的变化关系，需要控制变量 Pr、Ro^{-1} 和 η 保持不变，即平均温度和温差保持不变，改变旋转速度测量不同的 Ra 所对应的 Nu，得到某个 Ro^{-1} 下的 Nu 随 Ra 的变化关系。当然，针对不同的温差即不同的 Ro^{-1} 序列可以测得系列的 $Nu(Ra)$。

下面以阶段一的实验为例介绍具体操作流程：在完成实验平台搭建后，需要向对流槽内注入流体工质，阶段一的实验采用超纯水作为对流介质，在灌注前需要通过沸腾对其进行除气处理，防止在后续实验中从工质中产生气泡影响实验的精度。流体工质经有机玻璃上预留的排水口注入圆环对流槽，注意需要保证将对流槽注满而无空气残留。在完成注入后，将排水口与图 2.8（a）所示的溢流容器连接，以维持对流槽内的压力恒定。实验过程中维持内、外圆环的算术平均温度为 40 ℃，但要注意在旋转超重力热湍流系统中，由于几何的差异，体区的平均温度偏离了内、外圆环的算术平均温度，所以在计算物性参数时应该以微型热敏电阻的测量结果为参考温度。表 4.1 列出了水的各项物性参数随温度变化的函数关系式。值得一提的是，在实验范围内，体区温度偏离这一因素对结果影响较小，Pr 数都在 $4.0 \sim 4.3$。温差 Δ 分别取 2 K、3.6 K、6.3 K、11.3 K、15 K、20 K，对应的 Ro^{-1} 分别为 58、44、33、25、22、18。系统的转速为 157.9~544.6 r/min，对应平均离心加速度 $\omega^2(R_{\mathrm{o}} + R_{\mathrm{i}})/2$ 为 $5g \sim 60g$，Ra 为 $6.6 \times 10^8 \sim 7.2 \times 10^{10}$。

表 4.1　　水的物性参数随温度变化的函数关系式

参数	单位	公式
ρ	kg·m^{-3}	$[999.84 + 16.95(T - 273.15) - 0.008(T - 273.15)^2 - 4.62 \times 10^{-5}(T - 273.15)^3]/[1 + 0.017(T - 273.15)]$
β	K^{-1}	$1.7 \times 10^{-2}/[1 + 1.7 \times 10^{-2}(T - 273.15)] - [17 - 0.02(T - 273.15) - 13.9 \times 10^{-5}(T - 273.15)^2 + 4.2 \times 10^{-7}(T - 273.15)^3]/[999.8 + 16.95(T - 273.15) - 0.008(T - 273.15)^2 - 4.62 \times 10^{-5}(T - 273.15)^3]$
ν	m$^2 \cdot$s^{-1}	$\{0.1 \times \exp\{\ln(10) \times \{\ln(0.01) + [1301/(998.33 + 8.19(T - 293.15) + 0.0059(T - 293.15)^2] - 1.3\}\}\}/\rho$
α	W·m^{-1}·K^{-1}	$0.1 \times [4.58 + 6 \times 10^{-3}T - 8 \times 10^{-5}(T - 360)^2]$
κ	m$^2 \cdot$s^{-1}	$\alpha/\{1000\rho[4.17 + 10^{-5}(T - 303.15)^2 + 0.16/(T - 271.15)]\}$

实验中的每一个工况基本都在系统达到统计稳定之后再测量 4 h，以保证数据的可靠性。图 4.1 和图 4.2 分别是测量得到的内圆柱和外圆柱上不同位置的温度时序图（测量点的位置分布参考图 2.2 （b）），温度根据数字万用表测得的热敏电阻值利用斯坦哈特–哈特公式[130] 计算得到，可以看出此时系统已经处于热稳定状态，内、外铜环的温度均匀性较好。

旋转超重力热湍流系统中 Nu 的计算方法与经典 RBC 系统有一些差别，这主要是柱坐标系下导热方程的差异造成的。在 2.3.1 节已经推导过 Nu 的表达式，此处仅简单推导实验中 Nu 的计算式。根据式 (2-16) 可以得到在纯导热情况下外圆环的热通量表达式为

$$J_{\mathrm{con}} = -\chi \frac{\mathrm{d}T}{\mathrm{d}r} = \frac{\chi \Delta}{R_{\mathrm{o}} \cdot \ln(\eta)} \tag{4-1}$$

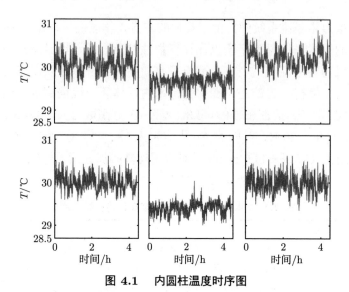

图 4.1　内圆柱温度时序图

内圆柱（冷却）上六个位置 (位置在图 2.2（b）中用红色圆圈标记) 的温度时序图，测量条件：冷却，
$Ra = 6.9 \times 10^{10}$, $\Delta = 20$ K, $Ro^{-1} = 18$, $Pr = 4.1$

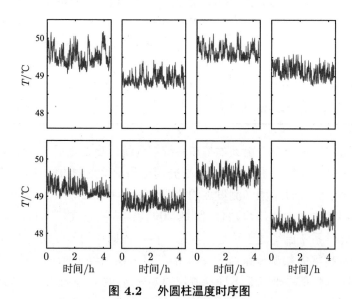

图 4.2　外圆柱温度时序图

外圆柱（加热）上八个位置 (位置在图 2.2（b）中用红色圆圈标记) 的温度时序图，测量条件：加热，
$Ra = 6.9 \times 10^{10}$, $\Delta = 20$ K, $Ro^{-1} = 18$, $Pr = 4.1$

如果在实验中通过加热片的电压和电流得到了外圆环的加热功率 Q，那么可以计算系统在对流状态下外圆环的热通量：

$$J_{\exp} = -\frac{Q}{2\pi H R_{\mathrm{o}}} \tag{4-2}$$

因此根据 Nu 的定义，可得其表达式为

$$Nu = \frac{J_{\exp}}{J_{\mathrm{con}}} = -\frac{Q \ln(\eta)}{\chi \Delta 2\pi H} \tag{4-3}$$

根据实验测量的内、外圆柱的温差 Δ 和外圆柱的加热功率，利用式(4-3)可以计算出 Nu。图 4.3 展示了当 $Ra = 6.9 \times 10^{10}$，$\Delta = 20$ K，$Ro^{-1} = 18$，$Pr = 4.1$ 时，计算得到的 Nu 随时间的变化，可见在这段时间里，系统已经处于热稳定状态。

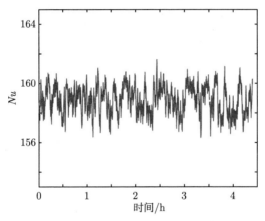

图 4.3　实验中测量得到的 Nu 随时间的变化

测量条件：$Ra = 6.9 \times 10^{10}$，$\Delta = 20$ K，$Ro^{-1} = 18$，$Pr = 4.1$

4.3　阶段一：方案验证与标度律转变初探

在阶段一的实验中，水作为流体工质，实现了最高转速 545 r/min，对应 $60g$ 的平均离心加速度，系统地测量了 Ra 为 $6.6 \times 10^8 \sim 7.2 \times 10^{10}$ 的传热特性，并与数值模拟结果进行了对比分析。在 $Ra \approx 5 \times 10^{10}$ 时观察到了传热标度律（Nu 正比于 Ra^γ）指数 γ 的增大，并结合数值模拟给出了两种可能的解释。

4.3.1 旋转超重力系统的传热特性

首先，要意识到在实验中地球重力和上、下端壁面的存在是不可避免的，因此需要研究其影响。通过数值模拟研究在 $Ra = 10^7$ 和 $Ra = 10^8$ 时，存在地球重力和上、下端壁面（无滑移速度边界条件）的情况下系统的传热特性。此处，考虑到在实验中最小的离心加速度为重力加速度的 5 倍，在模拟中增加重力项 $g = \dfrac{1}{5}\omega^2(R_\text{o} + R_\text{i})/2$。如表 4.2 所示，无滑移边界条件下的 Nu 略小于周期边界条件，Nu 的减小是因为固壁面的出现，但是上、下固壁边界的影响相对较小。此外，对比表 4.2 中的无滑移边界条件和考虑重力的无滑移边界条件，发现当离心力达到重力的 5 倍时，重力对 Nu 的影响已经较小。本系统中离心力最小为重力的 5 倍，说明在本系统中可以忽略重力的影响。

表 4.2　不同边界条件下 Nu 数的对比

Ra	Pr	Ro^{-1}	边界条件	Nu
10^7	4.3	58	周期边界	13.2
10^7	4.3	58	无滑移边界	12.4
10^7	4.3	58	无滑移边界、重力	12.2
10^8	4.3	58	周期边界	25.6
10^8	4.3	58	无滑移边界	24.0
10^8	4.3	58	无滑移边界、重力	23.6

回顾 3.3 节中科里奥利力对超重力热湍流系统影响的介绍，可知对于高 Ro^{-1} 区间，流场处于二维化状态，科里奥利力的作用饱和，系统的 Nu 不随 Ro^{-1} 的变化而变化。在本实验中，系统处于强旋转状态，对应高 Ro^{-1} 区间，Ro^{-1} 的依赖性较弱。本节主要研究 Nu 随 Ra 的变化关系。图 4.4（a）展示了不同 Ro^{-1} 下 Nu 随 Ra 的变化关系。实验和数值模拟的误差主要来源于随机统计过程，对于单次实验，采用数据的时间序列的标准差估计，将同一个 Ra 的多次重复实验结果进行统计分析得到综合误差，并在图中用误差棒标注。同时考虑不同温差下，系统体区温度轻微变化带来的 Pr 的变化。虽然 Xia 等[59] 的研究表明在 $Pr \in [4.0, 4.3]$，Pr 的依赖性较弱，具有 Nu 正比于 $Pr^{-0.03}$ 的标度律关系，但传热数据仍利用 $Nu/(Pr/4.3)^{-0.03}$ 进行修正[59]。从图 4.4（a）中可见，实验和数

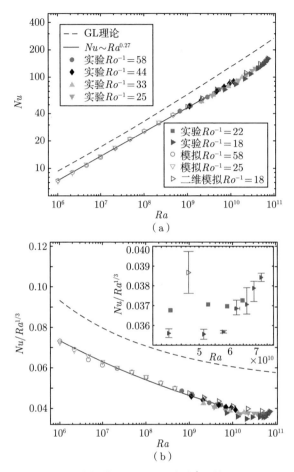

图 4.4　传热特性图（工质为水）（前附彩图）

（a）Nu 随 Ra 的变化关系；（b）$Nu/Ra^{1/3}$ 随 Ra 的变化关系

实心符号为实验数据，空心符号为数值模拟数据，虚线是经典 RBC 系统中 GL 理论的预测值，实线

为 Ra 为 $10^6 \sim 10^{10}$ 的拟合结果

值模拟的结果符合得非常好，结合实验和数值模拟的数据，Ra 覆盖超过四个数量级，从 $10^6 \sim 7.2 \times 10^{10}$。在实验中 Ro^{-1} 为 $18 \sim 58$，所有传热数据都表现出对 Ra 连贯的依赖性。作为对比，计算了经典 RBC 系统中 GL 理论在该 Ra 区间的预测值，并在图中以虚线表示。为了更好地展示局部标度律指数的变化，图 4.4（b）将 Nu 用 $Ra^{1/3}$ 进行补偿，可以看出，旋转超重力系统中 Nu 的幅值要比经典 RBC 系统更低（GL 理论），

这主要是由几何形状的差异引起的。然而，传热标度律 (Nu 正比于 Ra^γ) 在 $Ra < 10^{10}$ 时和 GL 理论吻合较好，拟合 $10^6 < Ra < 10^{10}$ 的数据，可以得到 $\gamma = 0.27 \pm 0.01$ 的标度律指数，这和二维 RBC 系统中的标度律指数[140] 接近。

当 Ra 超过 10^{10} 后，系统的标度律指数 γ 开始由 0.27 逐渐增大，在大于 5×10^{10} 时，标度律指数超过 1/3。那么这一超过 1/3 的标度律是否意味着湍流终极区间[28,146-147] 的出现呢？如果不是，那又是什么原因造成标度律指数的增大呢？由于目前在该系统中观察到的 Ra 转捩值较经典 RBC 系统中湍流终极区间小得多，并且由于实验参数的限制，该区间 Ra 的范围较窄，所以很难确切地回答该问题。

4.3.2　标度律转变的两种可能解释

为了理解标度律 (Nu 正比于 Ra^γ) 升高的原因，本节结合数值模拟的结果提供了两个可能的答案。

（1）在旋转超重力热湍流系统中，如 3.3 节分析，科里奥利力会增强对流平面大尺度环流的强度，从而加强对边界层的剪切作用。这可能导致旋转超重力系统提前进入湍流终极区间，因此其转捩 Ra 比经典 RBC 系统更低。

（2）系统内可能出现了新的流动状态。根据 3.3 节所研究的科里奥利力对超重力热湍流系统的影响结果（图 3.7），可以在参数空间中确定区间 I、区间 II 和区间 III 的边界，并将其外推到实验中的 Ra 和 Ro^{-1} 范围。在如图 4.5 所示的参数空间，随着 Ra 的增大，局部标度律指数开始增大的工况在参数空间的位置 (Ra, Ro^{-1}) 似乎从区间 II 进入区间 III。这意味着当 Ra 增加时，系统内的流动状态从准二维逐渐变成三维，使得其传热效率增加。同时，在图 4.4 中的二维模拟结果也和实验符合得较好，说明在二维模拟的 Ra 范围内，实验中的流动仍然是准二维的。但是，目前还未能通过数值模拟去研究传热标度律增大的 Ra 下的工况，所以未能验证其流动状态是否不再是二维的。

受限于阶段一实验的测量技术和数值模拟的参数范围，上述猜想较难得到验证，并且标度律指数 $\gamma > 1/3$ 的区间也非常狭窄，进一步提高 Ra 的范围才是解决问题的关键。阶段一的实验证明了旋转超重力方案的可行性，为利用旋转超重力热湍流系统探索湍流终极区间提供了基础。

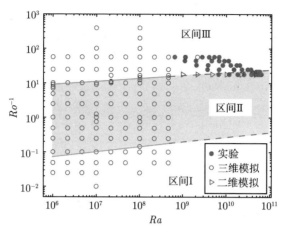

图 4.5　Ra 与 Ro^{-1} 参数空间

实心圆圈为实验数据，空心圆圈为三维数值模拟数据，空心三角形为二维数值模拟数据。参数空间根据科里奥利力的影响可分为三个区域

4.4　阶段二：探索湍流终极区间

在阶段二的实验中，通过升级实验装置将最大 Ra 提升到 3.7×10^{12}，测量了系统的传热效率特性，在 $5 \times 10^{10} \leqslant Ra \leqslant 3.7 \times 10^{12}$ 近两个量级区间观察到了 0.40 的标度律指数，并且体区温度脉动、剪切雷诺数和近壁面速度剖面等特性都指向湍流终极区间的出现。利用条纹图法对处于湍流终极区间的流场进行了可视化研究。

4.4.1　湍流终极区间下的传热特性

阶段一的实验明确了进一步提升 Ra 的范围才是解释局部标度律指数增大原因的关键。根据旋转超重力热湍流系统中 Ra 的定义：$Ra = [\omega^2 (R_o + R_i)/2\alpha\Delta L^3]/\nu\kappa$，实验中可以通过增加旋转速度和增大 $\alpha/\nu\kappa$ 来提高 Ra。在阶段二的实验中，旋转系统已升级，最高转速提高到了 705 r/min，对应有效平均离心加速度 $\omega^2(R_o + R_i)/2 = 100g$。同时利用 Novec 7200（Novec 7200 工程流体，3M 公司）液体替换水作为流动工质。在 25 ℃ 时，Novec 7200 的 $\alpha/\nu\kappa$ 是水在 40 ℃ 时的 14.4 倍，能够有效

地提高 Ra。Novec 7200 工程流体的物性参数随温度变化的函数关系式可参考表 4.3。

表 4.3　　Novec 7200 的物性参数随温度变化的函数关系式

参数	单位	函数关系式
ρ	kg·m^{-3}	$-2.3T + 2.11 \times 10^3$
β	K^{-1}	$2.62 \times 10^{-6}T + 8.38 \times 10^{-4}$
ν	m^2·s^{-1}	$-4.59 \times 10^{-9}T + 1.77 \times 10^{-6}$
α	W·m^{-1}·K^{-1}	$-1.94 \times 10^{-4}T + 0.13$
κ	m^2·s^{-1}	$-1.12 \times 10^{-10}T + 7.24 \times 10^{-8}$

阶段二的实验过程与阶段一的类似，在此不再赘述。图 4.6（a）展示了 Nu 随 Ra 的变化关系，其包括图 4.4 中的所有数据和新增的利用 Novec 7200 流体的实验数据，以及 $Pr = 10.7$、$Ro^{-1} = 16$、$Pr = 4.3$、$Ro^{-1} = 10^{-5}$ 的数值模拟数据。由于使用了两种不同的流体，需要考虑流体工质物性参数的差异。Xia 等[59]的研究表明，在 $Pr \in [4.0, 10.7]$ 时，Pr 的依赖性较弱，并且给出了 Nu 正比于 $Pr^{-0.03}$ 的标度律关系。因此，对于使用 Novec 7200 流体作为工质时测得的 Nu，利用 $Nu/(Pr_{\text{Nov}}/4.3)$ 进行修正以和之前利用水得到的数据一起进行分析。从图 4.6 中可以看出，使用 Novec 7200 流体和水作为工质的实验与数值模拟整体符合较好，在 $Ro^{-1} \in [9, 58]$ 时，Nu 随 Ra 的变化表现出一致的连贯性。为了更好地展示局部标度律指数的变化，图 4.6（b）画出了 $Nu/Ra^{1/3}$ 随 Ra 的变化。如阶段一的实验结果，在 $Ra < 10^{10}$ 时，局部标度律指数 γ 约等于0.27，这和经典二维 RBC 系统的标度律指数接近，此时系统内的边界层处于层流状态。

当 Ra 超过 10^{10} 时，旋转超重力系统便进入转捩区间，从图 4.6（b）的圆弧底可以看出，局部标度律指数从 0.27 增大到大于 1/3。有趣的是，在这个转捩区间之后，是一个指数增大的区间，局部标度律指数高达 $\gamma = 0.40 \pm 0.01$，并且实验数据覆盖接近两个数量级的 Ra，为 $5 \times 10^{10} \sim 3.7 \times 10^{12}$。这一大于 1/3 的标度律指数和考虑对数修正的湍流终极区的标度律预测值[28]非常接近，那么要怎样来理解这个特殊的标度律呢？

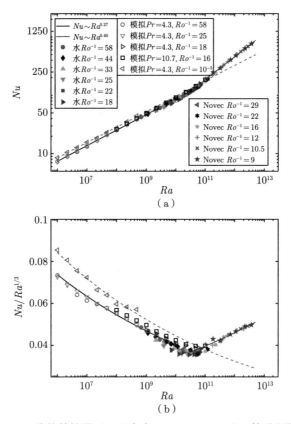

（a）

（b）

图 4.6　传热特性图（工质为水、Novec 7200）（前附彩图）

（a）Nu 随 Ra 的变化关系；（b）$Nu/Ra^{1/3}$ 随 Ra 的变化关系
图中实心符号为实验数据，空心符号为数值模拟数据，黑色实线为 Ra 为 $10^6 \sim 10^{10}$ 的拟合结果，
蓝色实线为 Ra 为 $5 \times 10^{10} \sim 3.7 \times 10^{12}$ 的拟合结果，紫红色虚线为无科里奥利力作用时的数据的
拟合外推。为了消除 Novec 7200 与水的 Pr 的差异的影响，Novec 7200 的 Nu 利用公式
$Nu/(Pr_{\text{Nov}}/4.3)^{-0.03}$ 进行修正[59]

在 4.3 节分析阶段一的结果时指出，由于参数范围的限制，得到的
$\gamma > 1/3$ 区间非常狭窄，因此有两种可能性来解释这一标度律指数的增
大。一种是随着 Ra 的增加，系统内的流动由二维变回到三维，使得传热
效率增强，但是将图 4.6（a）和（b）中 $Ro^{-1} = 10^{-5}$ 的数据与 $\gamma > 1/3$
的数据进行对比就可以否定这一推测。当 $Ro^{-1} = 10^{-5}$ 时，科里奥利力
十分微弱，对流动和传热的影响可以忽略，流动表现出三维特性。将通过
数值模拟得到的 $Ro^{-1} = 10^{-5}$ 的数据进行拟合并外推到 $Ra = 10^{13}$，即

图中的紫红色虚线，以此作为该系统三维流动状态下的 Nu 比对基准。从图 4.6 中可以看出，当 $Ra > 5 \times 10^{10}$ 时进入标度律指数增大区间，实验测得的 Nu 依然远高于三维状态下的 Nu，这足以说明，局部标度律的增大并不是由流动状态从二维到三维引起的。换句话说，另一种解释才是造成标度律指数增加的原因，即在旋转超重力系统中，湍流终极区间的转捩 Ra 比经典 RBC 系统更低，系统在 $Ra > 5 \times 10^{10}$ 后进入湍流终极区间。

图 4.7 展示了湍流体区无量纲温度脉动 θ_{rms} 随 Ra 的变化关系，图中数据点共享图 4.6 的图例。可见，在 θ_{rms} 随 Ra 的变化关系中存在一个转捩点，转捩 Ra^* 约为 5×10^{10}，这与传热标度律发生转捩的位置相符。当 $Ra < Ra^*$ 时，θ_{rms} 正比于 $Ra^{-0.13\pm0.02}$，这与经典 RBC 系统[14,47,148]中的结果是符合的；而当 $Ra > Ra^*$ 时，却具有一个明显更陡的标度律：θ_{rms} 正比于 $Ra^{-0.36\pm0.05}$。体区的温度脉动是从边界层脱落的羽流主导的[14]，所以 θ_{rms} 和 Ra 的标度律关系在 $Ra > Ra^*$ 时的显著转变意味着该区间边界层特性的变化。从某种角度来说，在 $Ra > Ra^*$ 时，系统已经进入湍流终极区间，边界层也由层流转变为湍流转态。

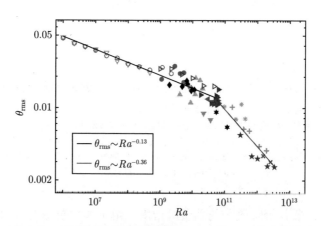

图 4.7　　湍流体区无量纲温度脉动 θ_{rms} 随 Ra 的变化关系

图中符号与图 4.6 一致

4.4.2　达到湍流终极区间的证据与湍流终极区间下的流动特性

在旋转超重力系统中，转捩到湍流终极区间的 Ra^* 比经典 RBC 系统低近三个数量级。从"经典区间"到"终极区间"的转捩是与根据边界层厚度定义的剪切雷诺数直接相关的，本节将分析对比旋转超重力系统和经典 RBC 系统中的剪切雷诺数。对于本系统而言，在实验中因为系统高速旋转，并且边界层厚度很薄，很难直接通过实验测量剪切雷诺数，所以这里通过数值模拟的数据来计算剪切雷诺数。图 4.8 是根据数值模拟数据计算得到的剪切雷诺数随 Ra 的变化，剪切雷诺数定义为 $Re_s = \lambda_u U_\varphi / \nu$，其中 $U_\varphi = (\langle u_\varphi \rangle_{\varphi,z})_{\max}$ 为平均周向速度的最大值；λ_u 是黏性边界层的厚度，采用常用的"切线法"[76] 进行计算，即黏性边界层的厚度为平均周向速度剖面在壁面处的切线和最大周向速度的交点到壁面的距离。由于系统的周向存在多对涡，所以在实际计算时先对每个涡单独求解，再求所有涡的平均值。

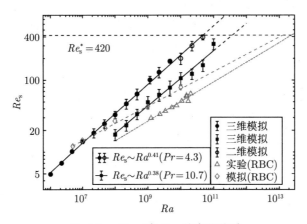

图 4.8　Re_s 随 Ra 的变化关系

图中三角形为经典 RBC 系统的实验数据，来源于 Sun 等[75]（$Pr = 4.3$）；菱形为经典 RBC 系统的数值模拟数据，来源于 Scheel 等[149]（$Pr = 0.7$）；黑色虚线表示层流边界层转捩到湍流边界层时的 Re_s^*[150]

图 4.8 展示了 Re_s 随 Ra 的变化，作为对比，将经典 RBC 系统中通过实验（三角形）和数值模拟（菱形）得到的数据也标在了图中。对于本系统，当 $Pr = 4.3$ 时，Re_s 和 Ra 具有 Re_s 正比于 $Ra^{0.41\pm0.01}$ 的标度律关系；当 $Pr = 10.7$ 时，具有 Re_s 正比于 $Ra^{0.38\pm0.01}$ 的标度律关系。可见旋转超重力系统的标度律指数比经典 RBC 系统中的标度律指数大得多，其 Re_s 也比相同 Pr 和 Ra 下的经典 RBC 系统更高，并且在 $Ra \approx 5 \times 10^{10}$ 时，Re_s 已经达到临界（$Re_s^* \approx 420$）[150]。而与之对比，

对于经典 RBC 系统，在该 Ra 下的 Re_s 大约为 80，通过外推 Re_s 和 Ra 的依赖关系，可得达到转捩 Re_s^* 时的 Ra 大致为 2×10^{13}，这和经典 RBC 系统中所报道的转捩 Ra 也比较接近，可以认为是科里奥利力的作用造成剪切雷诺数的增大。在 3.3 节已经发现，随着 Ro^{-1} 的增大，系统的 Re 增大，对流平面的流动增强，从而促进对边界层的剪切作用，使 Re_s 增大。鉴于 Re_s 和 Ra 的标度律关系，可以从边界层内力的平衡分析入手。对于经典 RBC 系统，边界层内的惯性项 $\boldsymbol{u}\nabla\boldsymbol{u}$ 和黏性项 $\nu\nabla^2\boldsymbol{u}$ 平衡，那么有 λ_u/L 正比于 $Re^{-1/2}$，Re_s 正比于 $Re^{1/2}$。而在旋转超重力热湍流系统中，当旋转效应很强时，科里奥利力 $2\boldsymbol{\omega} \times \boldsymbol{u}$ 将在边界层的流动中扮演重要角色，有 λ_u/L 正比于 $Re^{-1/3}$ 和 Re_s 正比于 $Re^{2/3}$，结合 Re 正比于 $Ra^{0.55}$ 可以得到旋转超重力热湍流系统中的 Re_s 和 Ra 的标度律关系：Re_s 正比于 $Ra^{0.37}$，这一结果和图 4.8 中的数据接近。

图 4.9 是近壁面处时间、空间平均的周向速度剖面，$|u|^+$ 表示利用摩擦速度 $u_\tau = \sqrt{\nu\partial_r\langle u\rangle|_{R_i, R_o}}$ 归一化的平均周向速度，壁面距离 r^+ 也利用黏性特征尺度 $\delta_\nu = \nu/u_\tau$ 进行了归一化处理[151]。作为对比实验，拟合了壁湍流中黏性底层 ($|u|^+ = r^+$) 和 Prandtl-von Kármán 对数区 ($|u|^+ = (1/k)\ln(r^+) + B$) 的速度型在图中以黑色虚线表示。可见当 Ra 较小时，速度剖面表现出层流的 Prandtl-Blasius 边界层特性；而当 Ra 数较大时，速度剖面逐渐靠近 Prandtl-von Kármán 对数区速度型。当 $Ra = 4.7 \times 10^{10}$ 和 10^{11} 时，在超过一个数量级的壁面距离 r^+ 观察到了显著的对数律。拟合得到 $k = 0.44$，这和卡门常数 $k = 0.41$[152] 十分接近。而参数 $B = 0.10$ 和典型光滑壁面上湍流边界层的 $B = 5.2$[152] 具有较大差别，这可能归因于模拟中达到的 Ra 有限，以及旋转热湍流系统中的不稳定热分层、科里奥利力和曲率等因素的复杂相互作用有关。不管怎样，平均速度剖面里对数律的出现，说明边界层确实逐渐由层流进入湍流状态。在 Rouhi 等[139] 的研究中也曾报道，科里奥利力确实会增强对边界层的剪切，从而有可能促进边界层从层流转变到湍流状态。

利用条纹图法对处于湍流终极区间状态的流动结构进行可视化研究。实验中采用聚甲醛颗粒（DuPont Inc, 型号 100P）作为示踪粒子，其直径为 $d = 2$ mm，密度为 $\rho_p = 1.43$ g·cm^{-3}，与 Novec 7200 流体接近。实验的具体细节和图像处理方法已在 2.1.2 节和 3.4.1 节详细阐释，此处不再赘述。图 4.10 是一张典型的条纹图,可见在 $Ra = 8.2 \times 10^{11}$,系统处于湍流终极区间时,仍然存在大尺度环流结构(图中用螺旋线进行了标注),四对对流涡均布在环形对流槽里。但该情况与当 $Ra < 10^{10}$ 处于经典区间时有一些区别;当系统处于湍流终极区间时,对流涡的周向运动(纬向流)非常弱,在实验中并未观测到。

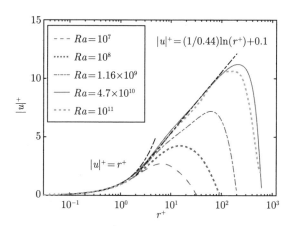

图 4.9　不同 Ra 下近壁面处平均周向速度剖面

$|u|^+$ 表示利用摩擦速度归一化后的平均周向速度,r^+ 表示壁面距离。图中点画线分别表示黏性底层的速度型 $|u|^+ = r^+$ 和对数区的速度型 $|u|^+ = (1/k) \ln(r^+) + B$,其中 $k = 0.44$,$B = 0.10$,其他参数为 $Ro^{-1} = 58$,$Pr = 4.3$ $(Ra = 10^7 \sim 4.7 \times 10^{10})$ 和 $Ro^{-1} = 16$,$Pr = 10.7$ $(Ra = 10^{11})$

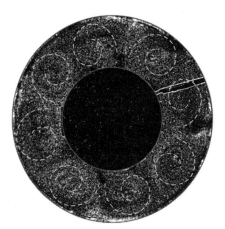

图 4.10　利用条纹图法流动显示技术得到的典型流场结构图(前附彩图)

图中螺旋线用于标注对流涡,实验参数为 $Ra = 8.2 \times 10^{11}$,$Pr = 10.3$,$Ro^{-1} = 8.8$

第 5 章　非对称费曼棘齿结构对瑞利-伯纳德对流系统的影响

本章在前人研究的对称型粗糙表面结构的基础上，引入非对称费曼棘齿结构到 RBC 系统中。首先，通过实验发现由于棘齿型表面结构的引入，RBC 系统出现了对称破缺现象，表现出了两种不同的传热状态。实验中利用统计的方法给出了对称破缺时大尺度环流的择向概率，并构建了理论模型进行验证。然后，考察了两种状态下的传热效率，并和光滑表面进行了对比。最后，通过考察系统流动特性和分析羽流统计特性，解释了产生两种不同传热状态的原因。

5.1　研 究 目 的

第 1 章综述了粗糙表面湍流热对流的研究进展，这些工作系统地探索了粗糙结构的高度、宽度、形状等因素对湍流热对流的影响，揭示了粗糙元与边界层、大尺度环流的相互作用机理。这些研究工作中的绝大多数都是基于对称性粗糙结构如 V 形[153]、金字塔形[122]、三角形[123-124]、矩形[154] 或随机杂乱无章的粗糙元[121]。但是在工业生产和自然界中，很多表面粗糙结构通常不是对称的。例如，山峦、海床。又如，海洋动物，它们可以主动改变粗糙度的不对称性来提高机动性。

因此，本节将目光聚焦在经典的费曼棘齿[155-156] 结构上，试图以此展开对非对称粗糙表面结构的研究。一直以来，科学家们试图找到一种方法来绕过热力学第二定律，从无规则的热运动中创造出功。所谓的费曼棘齿源于 Smoluchowski[155] 按 Feynman 等[156] 的假想设计的思维实验，如图 5.1所示，它由四个叶片和一个带有棘爪的不对称齿轮组成，浸没在分子热浴中。乍一看,棘轮似乎只能朝一个方向转动,这违反了热力学第二定律;然而,Feynman 明确地表明,这种装置在热平衡时不会产生功:因为不仅叶片,棘爪也会与气体分子发生碰撞,从齿轮上反弹,使系统在任意方向上随机旋转。

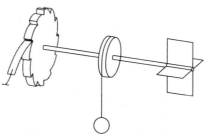

图 5.1 Smoluchowski[155] 按 Feynman 等[156] 的假想设计的思维实验示意图

Smoluchowski 的思维实验虽然未能成功,但这一利用棘轮的思想却启发了后续诸多的实验和数值研究。Eshuis 等[157] 利用处于非热平衡态的颗粒流实现了"旋转棘轮(rotational ratchets)"实验。如图 5.2 所示,该实验装置由四个叶片组成,可自由旋转,其置于外加振动激励的颗粒流中,当叶片两侧涂层不对称时,叶轮会朝一个方向倾向性转动。

除此之外,在其他领域也有许多针对棘轮现象的研究。例如,Linke 等[158] 将液滴放置于高温且具有棘齿结构的固体表面,此时液滴不仅会因为沸腾所产生的蒸气膜而被托举(莱顿弗罗斯特现象(Leidenfrost phenomenon)),还会在棘齿表面自推进移动,如图 5.3 所示。在该实验中,从液滴下面逸出的蒸气流在不对称的棘齿结构作用下,对液滴产生反向的推力,由在光滑表面上的托举状态变为朝特定方向移动的状态,棘齿结构的出现打破了系统的对称性。Lagubeau 等[159] 利用干冰在高温棘齿表面也观察到了类似的现象(图 5.4)。

Prakash 等[160] 发现了鸟类摄食时的"毛细-棘轮"(capillary-ratchets)现象,鸟类能够使包含食物的小液滴克服重力是依靠其喙与液滴接触处的表面张力作用,通过喙的闭合与张开,小液滴被接触角滞后现象主导,从而实现在喙上的移动。van Oudenaarden 等[161] 发现布朗粒子在空间非对称周期势的作用下,即使空间平均力为零,粒子也会产生有倾向性的净运动,这可以用来分离扩散的粒子或分子,实现所谓的"布朗棘轮"(Brownian ratchet)。更多关于棘轮现象的研究可参考 Hänggi 等[162] 的综述论文。

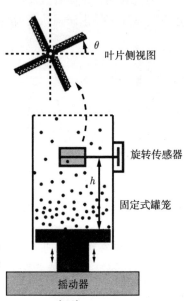

图 5.2　Eshuis 等[157] 利用颗粒流实现费曼棘轮实验

实验里颗粒撞击叶片两侧的不对称涂层会使叶轮朝一个方向倾向性转动

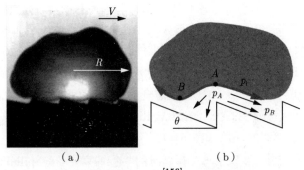

（a）　　　　　　　　　　　（b）

图 5.3　Linke 等[158] 的实验研究

（a）放置在高温棘齿表面上的液滴（温度远高于液体的沸腾温度，因此蒸气膜将固体与液体分开）会
　　沿着箭头所示的方向自推进运动，这里液滴的半径为 3 mm，棘齿由黄铜制成，温度 $T = 350\ ℃$，
　　远高于乙醇的莱顿弗罗斯特温度 200 ℃，棘齿的长度为 1.5 mm，高度为 300 μm。经过短暂的加速，
　　液滴以恒定速度 $V = 14\ \mathrm{cm \cdot s^{-1}}$ 移动；（b）由于压差 $\Delta p = p_A - p_B$ 产生的蒸气流将会对液滴产
　　生一个向右的推力，从 A 位置产生的蒸气将会在棘齿表面的导引下沿着斜面向后运动直至逃离棘齿
　　槽，箭头展示了液滴表面热虹吸的流动方向

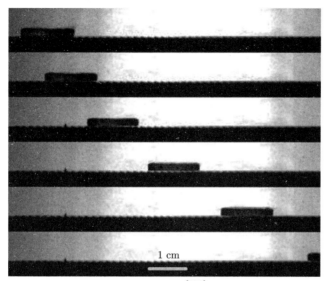

图 5.4　Lagubeau 等[159] 的实验研究

如图所示为在高温棘齿上（$T = 350\,℃$）的固体二氧化碳圆盘（厚度：mm；直径：cm）（一种莱顿弗罗斯特固体（干冰直接升华））从静止开始（第一张图片）的自推进运动。两张连续照片的时间间隔为 300 ms

综合上述针对费曼棘齿结构的研究，本书希望通过在 RBC 系统的上、下板加工棘齿型表面粗糙结构，打破 RBC 系统的对称性，实现对流动和传热的控制。

5.2　大尺度环流动力学特性

本节首先考察了具有非对称棘齿表面结构的 RBC 系统的大尺度环流动力学特性。就经典 RBC 系统而言，如 1.2.3 节所述，大尺度环流的优先取向、停滞、反转等特性得到了较为深入的研究。若考虑上、下表面光滑的矩形 RBC 系统，理论上，当对流槽放置在水平的台面上时，由于系统的高度对称性，系统内的大尺度环流的优先择向特性应该是随机的。如 5.1 节所述，对于很多物理化学过程，"棘轮"的引入可以打破系统的对称性，从而观察到新奇的现象。那么，在湍流 RBC 系统中，棘齿结构又会怎样影响流场是一个值得研究的课题。

5.2.1　实验中大尺度环流方向的判定

为了探索棘齿表面结构对流动的影响，首先要考虑的是如何观察系统内的流动状态。由于漏热补偿措施的需要，整个系统被橡塑保温棉严密包裹，需要在不影响漏热补偿措施的前提下测量系统的流动特性。

在传热测量时，虽然下板由导热性极好的紫铜加工制成，但毕竟其导热性仍然是有限的，所以下板依然存在温度分布，大尺度环流的方向和板上的温度分布具有一定的对应关系。在板的两端，大尺度环流的上升区域温度一般会高于下沉区域，这一特性也被广泛应用在大尺度环流反转研究中[163-165]，用以判断反转是否发生。如图 5.5 所示，该实验测量了下板的温度分布，可以看出大尺度环流的方向可以准确地根据下板温度分布来确定。情形 A 指大尺度环流沿着棘齿的舒缓斜面流过（图 2.17（b）），情形 B 指大尺度环流迎着棘齿的陡峭斜面流过（图 2.17（c））。

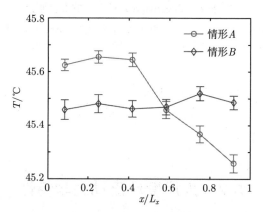

图 5.5　情形 A 和情形 B 中加热板的温度分布

此时 $\Delta = 11.0\ ^\circ\mathrm{C}$，$\overline{T} = 40\ ^\circ\mathrm{C}$

5.2.2　大尺度环流择向统计特性的对称破缺

首先，实验测量了表面光滑的经典 RBC 系统的大尺度环流择向统计特性作为对照。如图 5.6 所示，当 $\beta = 0^\circ$ 即系统水平放置时，$P(A) = 0.6$，说明在 10 次实验中，有 6 次大尺度环流的择向都与情形 A 保持一致（在光滑系统里，情形 A 和情形 B 的定义与具有棘齿的系统保持一致，以图 2.16 为例，情形 A 为顺时针流动，情形 B 为逆时针流动），这与理论上 0.5 的概率是吻合的。当引入一个小角度的倾斜时，大尺度环流的择向也会改变。

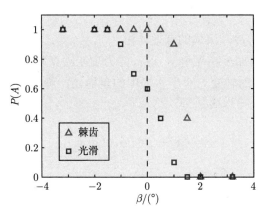

图 5.6　大尺度环流择向与情形 A 保持一致的概率和倾斜角的依赖关系

此时 $Ra = 5.7 \times 10^9$。$P(A) = 1$ 意味着大尺度环流的择向在实验范围内都是情形 A，相反 $P(A) = 0$ 表示大尺度环流的择向与情形 B 一致，在中间转变区域，每一个数据点都重复了 10 次

而对于具有棘齿结构的系统来说，即使将对流槽水平放置，依然有 $P(A) = 1$，即大尺度环流的择向始终保持在情形 A，意味着非对称的棘齿结构打破了系统的对称性，锁住了大尺度环流的方向。这是因为在情形 A 中，粗糙元对流体施加的黏滞阻力小于情形 B。并且实验发现，当对系统施加一个 $\beta = 0.5°$ 的倾角时，大尺度环流的方向仍然锁定在情形 A 的方向。若要使大尺度环流的方向完全变成逆时针（情形 B），那么至少需要对系统施加 $\beta = 2°$ 的倾斜。

从图 5.6可以看出，对于表面光滑的系统，其流动状态的转变区间约为 $-1.5° \leqslant \beta \leqslant 1.5°$。而对于具有棘齿结构的系统，其转变区间相对窄一些，约为 $0.5° \leqslant \beta \leqslant 2°$，表明对于具有棘齿结构的系统，其大尺度环流对倾斜更加敏感。对表面光滑的系统，测得的 $P(A)$ 展示出对称性，其对称中心 $\beta = 0°$；而对于具有棘齿的系统，其对称中心移动到了 β 约为 $1° \sim 1.5°$。

在具有棘齿结构的系统中，大尺度环流择向统计特性 $P(A)$ 的不对称性可以通过考虑粗糙元的不对称性来合理解释。当 $\beta \leqslant 0°$ 时，测量得到 $P(A) = 1$，这是因为棘齿的不对称形状有助于情形 A 的出现。然而，当 β 增加到 $0°$ 以上时，浮力项沿着壁面方向的分量有利于形成情形 B

的流动，浮力项沿壁面方向的分量表达式为

$$F_{b\beta} \approx \frac{1}{2}\rho\mathcal{V}g\alpha\Delta\sin\beta \tag{5-1}$$

其中：$\mathcal{V}$ 是加热/冷却流体的有效体积。

当 β 继续增加至临界角 β_c 时，浮力项能够克服情形 B 的阻力，从而造成流动状态的转变。对于本书中的粗糙元，可以认为阻力由压差主导[166]，因此阻力可以表达为

$$F_d \approx \frac{1}{2}\rho v_{\mathrm{f}}^2 A_{\mathrm{r}} n C_{D,B} \tag{5-2}$$

其中：$v_{\mathrm{f}} \approx 0.2\dfrac{\nu}{L_z}\sqrt{\dfrac{Ra}{Pr}}$ 是棘齿附近的流速；A_{r} 是单个棘齿在垂直于流动方向的平面上的投影面积；$C_{D,B} \approx 2$ 是流体流过棘齿时的阻力系数，可根据三角形半体来流模型得到；n 是板上棘齿的个数。将浮力项分量和阻力相平衡，可得到该工况（$\Delta = 10.9\,\mathrm{K}$，$\nu = 6.6\times10^{-7}\,\mathrm{m^2\cdot s^{-1}}$，$L_z = 0.24\,\mathrm{m}$，$\rho = 992.2\,\mathrm{kg\cdot m^{-3}}$，$n = 20$，$\mathcal{V} = 3.5\times10^{-3}\,\mathrm{m^3}$，$\alpha = 3.9\times10^{-4}\,\mathrm{K^{-1}}$）下的临界角 $\beta_c \approx 2°$，这比较符合实验观测值。临界角 β_c 可能与 Ra、Pr 有一定的相关性，值得进一步研究。值得一提的是，在有棘齿表面的系统中，所有测量都未观察到一个反转事件（总共 410 h，大约 30000 个周转时间（turn-over time）），表明棘齿系统中的大尺度环流择向非常稳定，但同时也可以对其进行控制。

5.3 传 热 特 性

如图 5.6 所示，对系统施加一个小的倾斜可以控制大尺度环流的方向，那么大尺度环流的方向是否会对系统的传热产生影响？为了回答这个问题，本节通过实验和数值模拟系统地测量了情形 A 和情形 B 的传热特性。

5.3.1 传热测量和数值模拟过程

首先，介绍实验中传热特性的测量过程。实验装置在 2.2 节已经详细介绍，这里不再赘述。在做好系统的漏热补偿和安全保护措施之后，需要

向对流槽灌水。本实验使用超纯水，并对其进行脱气处理，以尽量保证水的纯净度，使其物性参数接近国际标准参数。实验中对流槽内的平均温度维持在 (40 ± 0.05)℃，此时对应的 Pr 约为 4.3。在实验中为了控制大尺度环流的方向，把系统分别倾斜 $-3.2°$ 和 $3.2°$，从而将大尺度环流的方向锁定在情形 A 和情形 B。对于 RBC 系统，小角度的倾斜对传热的影响可以忽略不计[167]，因此可以只考虑大尺度环流和棘齿的相互作用对传热的影响。

对于绝大多数实验工况，基本上都在系统稳定后再测量 10 h，以保证统计的准确性。图 5.7 和图 5.8 分别是实验测量得到的上、下板六个位置（位置见图 2.11）处温度的时序图，温度根据测量的热敏电阻的阻值利用斯坦哈特-哈特公式[130] 计算得到，可以看出该系统稳定性较好，上、下板的温度波动较小，并且板上的温度分布相对均匀，近似满足恒温边界条件。利用上、下板的温差和热流密度 J，根据 $Nu = J/(\chi \Delta / L_z)$ 可以计算 Nu，如图 5.9 所示。该结果同样说明该系统已经达到统计上的热稳定状态。

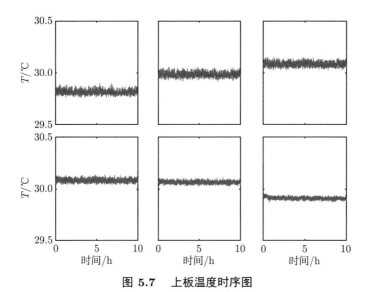

图 5.7　上板温度时序图

实验测量得到的上板六个位置 (位置见图 2.11) 的温度时序图，测量条件：情形 B，$Ra = 10^{10}$，$\Delta = 20$ K，$Pr = 4.3$

数值模拟方法参考 2.3.2 节，采用三维直接数值模拟，上、下壁面采用恒温边界条件，左、右及前、后壁面采用绝热边界条件，所有固壁面采用无滑移速度边界条件。在模拟中，所有算例的网格精度都是足够的。例如，对于计算中最大的 $Ra = 5.7 \times 10^9$，网格数为 $1280 \times 1280 \times 256$。每个算例都在达到统计稳定后再模拟 200 个无量纲时间，以减小数据的随机误差。

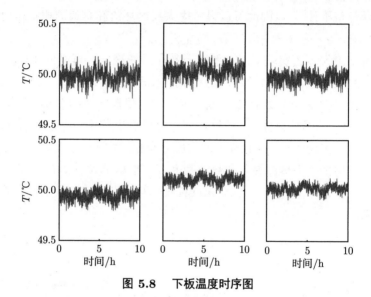

图 5.8　下板温度时序图

测量条件：情形 B，$Ra = 10^{10}$，$\Delta = 20\,\mathrm{K}$，$Pr = 4.3$

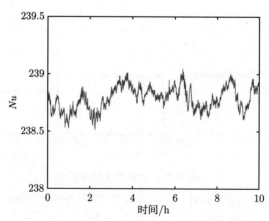

图 5.9　实验中测量得到的 Nu 的时序图

测量条件：情形 B，$Ra = 10^{10}$，$\Delta = 20\,\mathrm{K}$，$Pr = 4.3$

5.3.2　大尺度环流方向对传热效率的影响

图 5.10 （a）是根据上述方法测量得到的系统传热特性曲线，图中数据包括情形 A、情形 B 及作为对比的光滑系统，数值模拟的结果也以实心符号标注在图中。首先，可以看到实验和数值模拟的结果符合得非常好。对于光滑系统，Nu 和 Ra 的标度律指数 $\gamma = 0.30 \pm 0.01$；而对于具有棘齿结构的系统，其标度律指数要比光滑系统高。具体而言，情形 A 的标度律指数 $\gamma = 0.38 \pm 0.01$，情形 B 的标度律指数 $\gamma = 0.39 \pm 0.01$。表面粗糙的系统的标度律指数比光滑系统更高，这一发现已经在近期的一些研究中得到解释[123]。在图 5.10 （b）中，令光滑系统的 Nu 作为基准归一化表面粗糙的系统 Nu，得到了 Nu 的增量随 Ra 的变化关系。可以清楚地看到，无论是情形 A 还是情形 B，系统的传热都得到了极大的增强，并且传热效率的增量随 Ra 的增大而增大。这是因为，热边界层的厚度 λ_θ 随着 Ra 的增加而变薄，造成了粗糙元等效高度的增加 h/λ_θ。在这种情况下，粗糙元将会更加深入地"刺破"边界层，从而激发更加强烈的边界层脱落，促进羽流排放。

下面对比情形 A 和情形 B 的传热效率的差异：对于研究中最小的 Ra(约为 10^8)，两种情形相比光滑系统传热效率的增强都相对较小，并且两者的差异也可以忽略不计（情形 A 的传热增强为 15.4%，情形 B 的传热增强为 16.3%）。这是因为此时边界层厚度 $\lambda_\theta \approx L_z/(2Nu) \approx 4$ mm，与棘齿结构的高度 $h = 6$ mm 是相近的，因此粗糙元对传热效率的增加贡献较小，并且大尺度环流的方向对 Nu 影响更小。然而，当 Ra 较大时，Nu 的增幅增加，并且情形 A 和情形 B 的增幅也出现差距。对于研究中最大的 $Ra(\approx 10^{10})$，情形 A 的 Nu 增幅 $Nu/Nu_s = 67.4\%$，情形 B 的 Nu 增幅 $Nu/Nu_s = 82.2\%$。可见在这两种情形下，传热差异显著。

为了理解上述情形 A 和情形 B 传热效率增幅的差异，实验考察了对称型的粗糙元对传热效率的影响。图 5.11是模拟中所采用的对称型三角粗糙元的示意图，可以看到其与棘齿结构的高度和宽度均相等，唯一的区别就在于对称性。如图 5.12所示，具有对称型三角粗糙元的系统的传热效率和具有非对称棘齿粗糙元系统情形 A 的传热效率几乎一样，说明造成情形 A 和情形 B 的传热效率增幅差异的核心原因在于棘齿结构的非对称性与大尺度环流的相互作用。

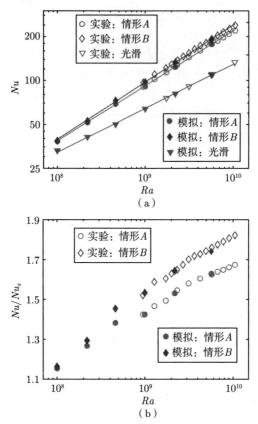

图 5.10   光滑表面和具有棘齿结构表面系统传热特性对比

（a）Nu 随 Ra 的变化关系；（b）Nu/Nu_s 随 Ra 的变化关系

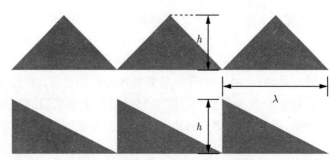

图 5.11   对称型三角粗糙元与非对称棘齿粗糙元几何构型对比

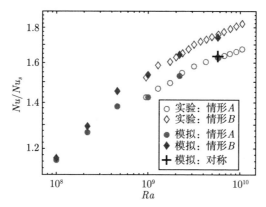

图 5.12　Nu 增幅随着 Ra 的变化关系

5.4　流动结构

为了寻找情形 A 和情形 B 的传热效率增幅差异的确切物理原因，画出了情形 A、情形 B 和光滑系统的瞬时温度场，如图 5.13（a）所示。对于表面光滑的系统，羽流从边界层脱落的位置是随机的、不固定的。对于情形 A，如图 5.13（b）所示，大尺度环流沿着棘齿舒缓的斜面流过，其水平运动被棘齿结构影响，羽流从棘齿结构的顶端脱落，相对光滑系统有更多的羽流从边界层脱落进入大尺度环流。而对于情形 B 则有所差异，从图 5.13（c）可见，由于棘齿的不对称性，水平运动的大尺度环流会撞击棘齿的陡峭斜面，从而造成更强烈的羽流分离，可以清楚地看见相比情形 A 而言，情形 B 有更多的羽流从边界层脱落进入湍流体区[81]。通过实验可以发现，单个羽流所携带的热量近似相等，羽流数目的增多会实现更强的热量输运效率，这是情形 B 具有更强传热效率增幅的原因。

除了数值模拟之外，还可以利用阴影法技术对流动结构进行可视化研究。由于阴影法流动显示技术为光学测量手段，在实验过程中需要将保温措施取下，但为了尽量减小环境温度变化对系统流动的影响，将系统的平均温度调整到 $\overline{T} = 28\,℃$，并利用空调将室温调节到相近温度，此时系统内水的 $Pr = 5.7$。图 5.14 是阴影法的可视化结果，可以看出由于阴影法流动可视化结果是叠加了整个宽度方向的信息，并且羽流的尺寸较小，所以在壁面附近较难辨别情形 A 和情形 B 之间的差异。但是可以从图中

清楚地看见情形 B 中的湍流体区存在更多的羽流，说明有更多的羽流从边界层脱落进入湍流体区，这些额外脱落的羽流增强了体区的湍流度和大尺度环流的强度，这与数值模拟中瞬时温度场的结果是吻合的。

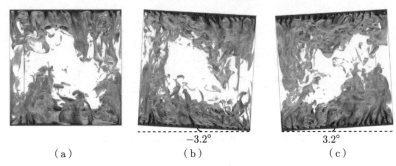

（a）　　　　　　　−3.2°　　　　　　　3.2°
　　　　　　　　　（b）　　　　　　　（c）

图 5.13　　温度场的三维体绘制（前附彩图）

（a）光滑系统；（b）情形 A；（c）情形 B

红色代表高温流体，蓝色代表低温流体，其他参数为 $Ra = 5.7 \times 10^9$, $Pr = 4.3$

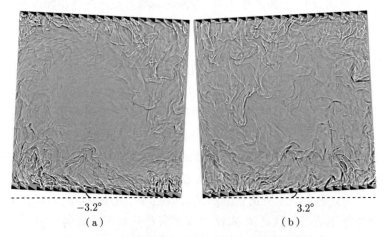

−3.2°　　　　　　　　　　　3.2°
（a）　　　　　　　　　　　（b）

图 5.14　　通过阴影法显示的系统中羽流的空间分布

（a）情形 A，大尺度环流为顺时针方向；（b）情形 B，大尺度环流为逆时针方向

其他参数为 $Ra = 5.7 \times 10^9$, $Pr = 5.7$

作为对上述流动结构定性分析的补充，在数值模拟中还定量计算了情形 A 和情形 B 的大尺度环流特征速度。不出意外地，情形 A 中的大尺度环流特征速度 $V_{\text{LSCR}}(A) = (\langle u_x \rangle_S)_{\max}(A) = 0.117$ 小于情形 B 中的大尺度环流特征速度 $V_{\text{LSCR}}(B) = (\langle u_x \rangle_S)_{\max}(B) = 0.129$。其中，$\langle \cdot \rangle_S$ 表

示时间平均和沿着 x-y 的截面平均，u_x 为 x 方向的速度分量。情形 B 中更大的特征速度是由于更多的羽流脱落汇入体区，从而加强了大尺度环流，这印证了情形 B 中的棘齿结构造成了更多的羽流脱落。

　　在实验中，下板的温度分布也从侧面验证了前述关于羽流脱落的分析。图 5.15 为底板无量纲最大温差 $\delta_{\max}/\Delta$ 随 Ra 的变化关系，其中 $\delta_{\max} = |T_{h,j} - T_{h,i}|_{\max}$，$T_{h,j}$ 和 $T_{h,i}$ 为下板任意两个热敏温度计测量得到的温度，$\delta_{\max}$ 反映了底板温度分布的均匀性。可以看出情形 A 和光滑系统类似，温度边界层在底板沿着大尺度环流的方向逐渐发展，从而可以观察到图 5.5 中的温度梯度，这也是光滑热对流系统里用来判断大尺度环流的方法[163-165]。但是情形 B 却完全不一样，更多的羽流从棘齿的尖端发射出来，极大地阻碍了底部温度边界层的发展，使得情形 B 的底板温度分布相对均匀。无量纲最大温差随着 Ra 的变化趋势也与棘齿结构的等效高度 h/λ_θ 有关，当 Ra 较小时，由于 h/λ_θ 较小，棘齿对流动的影响也较小，情形 A 和情形 B 的差异较小。随着 Ra 的增大，h/λ_θ 增大，棘齿的作用逐渐增强，在情形 A 和情形 B 中的影响逐渐分化：在情形 A 中，大尺度环流沿着棘齿舒缓斜面流过，不会对温度边界层的发展造成太大的影响；而在情形 B 中，棘齿的陡峭斜面严重阻碍了温度边界层的发展，造成羽流脱落，使底板的温度分布更加均匀。

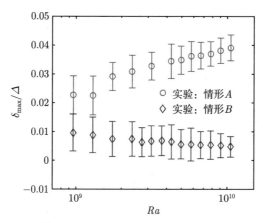

图 5.15　底板无量纲最大温差 $\delta_{\max}/\Delta$ 随 Ra 的变化关系

5.5　羽流定量统计特性

在流动结构的分析中得出了结论：情形 B 相较于情形 A 具有更多的羽流脱落，它们进入湍流体区，造成了情形 B 更强的传热。为了进一步通过定量分析来验证该结论，本节利用数值模拟计算了羽流的定量统计特性。

5.5.1　羽流识别

本节采用 van der Poel 等[82] 和 Huang 等[168] 所使用的羽流判别方法。定义羽流所在的区域需要满足：

$$\theta(x,y) - \langle\theta\rangle_{x,y} > k_c\theta_{\mathrm{rms}} \tag{5-3}$$

$$\sqrt{(RaPr)}u_z(x,y)\theta(x,y) > k_cNu \tag{5-4}$$

其中：θ 为数值模拟中的温度场；u_z 为对流方向的速度分量；k_c 为羽流判别阈值。式(5-3)和式(5-4)主要用来判别靠近加热板附近的热羽流，基于羽流的定义，羽流是温度比周围流体温度高，且携带的热量高于整体热通量的一团流体。k_c 是羽流判别的阈值，可以调节羽流的分离程度，在 van der Poel 等[82] 的研究中取 $k_c = 1.2$；在本研究中，为了得到较好的羽流分离效果也取 $k_c = 1.2$。

图 5.16 是羽流识别过程的典型示例，其中图 5.16（a）是位于底板上方 $z/L_z = 0.028$ 位置的一个瞬时温度场横截面，利用式(5-3)和式(5-4)在 MATLAB 中识别羽流区域，根据得到的羽流位置信息可重建如图 5.16（b）所示的反映羽流位置和形状的二值图，二值图中的背景被设置为黑色，羽流设置为白色。MATLAB 中的 bwlabel 和 region-props 函数可用来统计羽流的面积和数量信息。另外注意到，在图 5.16 中观察到的条纹图案是棘齿尖端的影响，因为这个截面位于棘齿尖端上方 $0.003L_z$ 处。

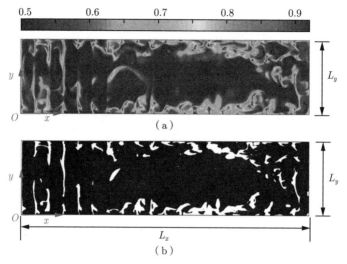

图 5.16　羽流模式识别（前附彩图）

(a) 沿 x-y 截面温度场俯视图；(b) 根据 van der Poel 等[82] 采用的方法对图（a）的温度场处理得
到的羽流模式图

该截面位于 $z/L_z = 0.028$，对应 $Ra = 5.7 \times 10^9$，情形 A

5.5.2　羽流面积直方图

为了获得羽流的统计特性，利用上述羽流识别处理方法，分别针对光
滑系统、情形 A 和情形 B 在达到稳定后继续模拟了 200 个无量纲时间，
每个工况分析处理了 2000 个温度场截面。通过分析这 2000 个连续的温
度场截面数据，在光滑系统中累计识别得到了 38876 个羽流，情形 A 中
得到了 137867 个羽流，情形 B 中得到了 151854 个羽流。

图 5.17 是归一化羽流面积累计直方图，可以明确地看出情形 B 的羽
流数目最多，其次是情形 A，光滑系统的羽流数目最少。插图为相应的直
方图，可以看出羽流面积大小的分布近似满足对数高斯分布，并且最概然
值对应的羽流尺寸 A_{p}/A 正比于 10^{-3} 和 λ_θ，表明这些羽流是从温度边
界层脱离而来，其特征尺寸和边界层的厚度相近。在情形 B 中，棘齿对
边界层脱离的促进作用最强，故其羽流数目也最多，这从定量分析的角度
解释了情形 B 具有更强传热的物理机理。

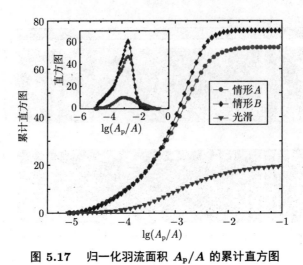

图 5.17   归一化羽流面积 A_p/A 的累计直方图

插图为相应的直方图。其中 A_p 为单个羽流的面积, $A = L_x \times L_y$ 为底板面积

第 6 章 非对称费曼棘齿结构对垂直对流系统的影响

本章利用实验和数值模拟相结合的形式系统地研究了棘齿表面结构对垂直对流系统传热和流动的影响。首先，发现由于棘齿表面结构的不对称性，其与大尺度环流的相互作用取决于棘齿的排列方向，棘齿不同的排列方向对应系统内两种不同的流动状态，以及不同的传热效率。然后，通过实验和模拟测量了两种状态下 Nu 随 Ra 的变化关系。进一步的统计分析表明，该系统内的传热效率依赖于大尺度环流的强度。温度场、速度场、阴影法流动显示等结果揭示了棘齿结构对系统大尺度环流的作用，阐释了出现传热差异的物理机理。最后，对比了棘齿结构在 RBC 系统和 VC 系统中影响的差异。

6.1 研 究 目 的

RBC 系统虽然是研究热对流的经典模型，但是对于发生在自然界和工业生产中的热对流现象，其温度梯度并不都如 RBC 系统那样和重力平行。这时，一个相关但却有显著差异的模型系统便映入眼帘。考虑一个充满流体的封闭腔体，如图 6.1所示，将冷却和加热施加到左、右竖直壁面来取代上、下壁面的冷却和加热，并将上、下壁面变成绝热边界条件，这个系统是 Batchelor[169] 于 1954 年在研究建筑物中双层玻璃的隔热性能的基础上首次提出的，称为"侧加热腔"(differently heated cavity) 模型，其在后续的科学研究及工程实践中引起了学者们的广泛关注[170-176]。为了强调该系统与 RBC 系统的差异，本节更倾向于采用 Ng 等[178-180] 和 Shishkina[181] 在相关论文中所使用的术语"垂直自然对流"(vertical convection，VC）来命名该系统。这是因为与 RBC 系统相比，VC 系统最显著的差异是其重力方向与热流方向是垂直的，这种依靠水平温差驱动的热对流广泛存在于建筑节能、电站系统、核反应安全、电子芯片系统等工业过程中。

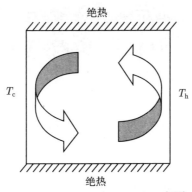

绝热

T_c　　　　　　　　　　　　T_h

绝热

图 6.1　　侧加热腔模型示意图[177]

为了提高热对流系统内的传热效率，学者们提出了诸多方法。例如，引入粗糙结构、微纳流体[182-183] 或气泡[184-186] 到系统中。在这些方法中，引进表面粗糙结构被发现是一个有效的增强传热效率的方法。与 RBC 系统类似，在 VC 系统中也有较多的针对对称型表面结构的研究[174,187-191]。但同样相比对称型表面结构，更加普遍地存在于自然界和工业生产中的却是非对称的粗糙元。第 5 章已经详细介绍了非对称费曼棘齿结构对于 RBC 系统流动和传热控制的重要意义。例如，棘齿结构能够锁定 RBC 系统内大尺度环流的择向，并且通过倾斜控制大尺度环流方向之后可以得到两种不同的传热状态，即系统出现了对称破缺，系统不同的传热状态和羽流排放动力学相关，与流体沿着棘齿舒缓斜面流过的情形（情形 A）相比，当大尺度环流迎着棘齿陡峭斜面流过时（情形 B），系统的 Nu 增强更大，这是因为在情形 B 中有更多的羽流脱落进入湍流体区。

那么非对称的棘齿结构又将如何影响 VC 系统呢？

Ng 等[178,180] 近期的研究表明，VC 系统内的很多流动特性都和 RBC 系统类似。例如，VC 系统内的温度边界层和黏性边界层的厚度也近似满足层流标度律，这与 RBC 系统内边界层厚度的特性一致，并且 VC 系统里边界层内的能量耗散率 ε_u 和温度耗散率 ε_θ 也与 RBC 系统具有相似的特性。此外，针对 VC 系统里对称型表面结构的研究，如肋片[174,190]、矩形[187-188] 和正弦形粗糙元[189,191] 等表现出了和具有对称型表面结构的 RBC 系统类似的现象和特性。那么这是否意味着在 VC 系统和 RBC 系统中，非对称棘齿结构对传热效率和流体动力学的影响也是相似的呢？解答这些问题是本章的目标。

6.2　传　热　特　性

VC 系统内大尺度环流的方向是确定的，在热铅垂侧壁面附近的流体工质受热膨胀变轻，会沿着表面向上流动；在冷铅垂侧壁面附近的流体工质受冷收缩变重，会沿着表面向下流动。铅垂壁面附近的边界层流动在上、下水平边界的作用下会转向形成水平侵入流，边界层流动和水平侵入流构成了闭合的大尺度环流。在传热测量中，通过控制 $\beta = -90°$，使得热铅垂壁面上棘齿的陡峭斜面朝上，这时大尺度环流迎着棘齿的舒缓斜面流过，系统处于情形 A 的状态；相反，若控制 $\beta = 90°$，使得热铅垂壁面上棘齿的陡峭斜面朝下，这时大尺度环流迎着棘齿的陡峭斜面流过，系统处于情形 B 的状态。本节将讨论这两种情形下的传热效率。

6.2.1　实验测量和数值模拟过程

实验采用的实验装置参考 2.2 节，本节主要介绍传热测量过程。为了拓展 Ra 的范围，实验中采用两种流体工质：① 脱气处理的超纯水；② Novec 7200 工程流体。在实验中使用超纯水时，对流槽内的平均温度控制在 40 ± 0.05 °C，相应的 $Pr = 4.3$，而当使用 Novec 7200 液体时，由于 Novec 7200 液体易挥发，其平均温度控制为 25 ± 0.05 °C，对应的 $Pr = 10.7$。Novec 7200 液体的物性参数随温度变化的函数关系式已在表 4.3 列出，不再赘述。

对于实验中的绝大多数工况，一般都在系统达到统计稳定之后再测量 10 h 以确保数据的可靠性。图 6.2 和图 6.3 分别是测量得到的冷却板和加热板上六个测量点（位置见图 2.11）的温度时序图，可以看出系统已经处于统计意义上的热稳定状态。但值得注意的是，图 6.2 和图 6.3 中的 y 轴宽度和 RBC 系统里的温度时序图 (图 5.7 和图 5.8) 的宽度是一

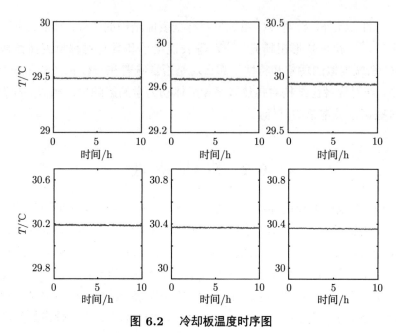

图 6.2　　冷却板温度时序图

测量条件: 情形 A, $Ra = 10^{10}$, $\Delta = 20$ K, $Pr = 4.3$

致的, 均为 1.5 ℃。然而, 可以清楚地看到 VC 系统里的温度波动远小于 RBC 系统, 说明在相同的控制参数下 (相同的 Ra、Pr), 相较 RBC 系统, VC 系统内的流动湍流度更弱。通过计算 VC 系统在情形 A、$Ra = 10^{10}$、$\Delta = 20$ K、$Pr = 4.3$ 的条件下, 加热板上六个位置温度的标准差平均值为 8.6×10^{-3} K, 冷却板为 4.5×10^{-3} K; 而 RBC 系统在相同的实验条件下, 加热板上温度的标准差平均值为 4.7×10^{-2} K, 冷却板为 2.1×10^{-2} K, 这从定量角度证明了同等条件下 VC 系统内的湍流度弱于 RBC 系统。根据加热板和冷却板的温差 Δ 和热流密度 J, 可以计算得到 Nu。如图 6.4 所示, 可以看出 Nu 随时间波动很小, 这不仅说明系统已经处于热稳定状态, 也证实系统内的湍流度较弱, Nu 的标准差 $\sigma(Nu)_{\mathrm{VC}} = 5.4 \times 10^{-3}$ 远小于 RBC 系统中的 $\sigma(Nu)_{\mathrm{RBC}} = 0.11$。

此外, 对于 VC 系统, 由于重力的作用, 在铅垂方向流体存在分层现象。从图 6.5 可以看出, 无论是加热板还是冷却板, 从下到上存在着较大的温度梯度。对于冷却板, 由于其温度依靠循环水浴控制, $|(T_{c,i} - T_c)|_{\max}/\Delta < 2.5 \times 10^{-2}$, 说明其仍近似满足等温边界条件, 而对于加热

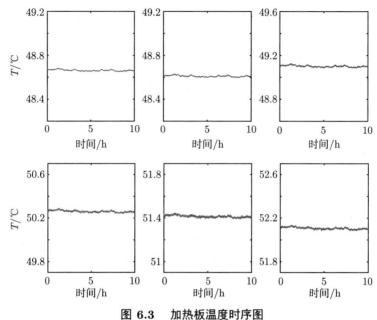

图 6.3 加热板温度时序图

测量条件: 情形 A, $Ra = 10^{10}$, $\Delta = 20$ K, $Pr = 4.3$

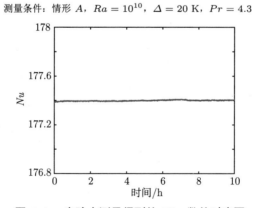

图 6.4 实验中测量得到的 Nu 数的时序图

测量条件: 情形 A, $Ra = 10^{10}$, $\Delta = 20$ K, $Pr = 4.3$

板, $|(T_{h,i} - T_h)|_{max}/\Delta \approx 0.1$, 并不满足等温边界条件。这是因为加热板本来就是恒热流的边界条件, 在分层效应的作用下, 加热板上的温度梯度较大, 而此时冷却板的顶部和加热板的底部温度反而比较均匀 (由于水平侵入流的作用)。而在 RBC 系统中, 由于不存在强分层效应, 在加热板较强的导热作用下, 可以近似认为恒温边界条件成立 (见图 5.5, 无论是

情形 A 还是情形 B，加热板上的温度梯度都相对较小)。其实对于高 Ra 下的 RBC 系统而言，无论是恒温边界条件还是恒热流边界条件，系统传热效率的差别几乎可以忽略不计[165,192]。但是在本研究中，加热板温度边界条件的改变却会造成实验和模拟所得结果的细微差异，这将在 6.2.2 节详细讨论。

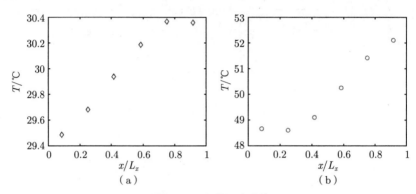

图 6.5   上的温度分布

（a）冷却板；（b）加热板

测量条件：情形 A，$\Delta = 11.0$ ℃，$\overline{T} = 40$ ℃

数值模拟方法可以参考 2.3.2 节，采用三维直接数值模拟，左、右竖直壁面采用恒温边界条件，上、下及前、后壁面采用绝热边界条件，所有固壁面采用无滑移速度边界条件。在计算中，所有算例的 $Pr = 4.3$，式 (2-31) 中 $\beta = -90°$ 时对应情形 B，$\beta = 90°$ 对应情形 A。模拟中，所有算例的网格精度都是足够的。例如，对于计算中最大的 $Ra = 5.7 \times 10^9$，网格数为 $1280 \times 1280 \times 256$，与 RBC 系统一致。

6.2.2   棘齿排列方向对传热效率的影响

本节将介绍棘齿结构对 VC 系统传热特性的影响。图 6.6（a）展示了 Nu 随 Ra 的变化关系，对于具有棘齿表面结构的系统（包括情形 A 和情形 B）而言，实验中采用超纯水和 Novec 7200 液体作为工质，$Ra \in [1.3 \times 10^9, 3.8 \times 10^{11}]$。而对于光滑系统而言，由于 $Pr \in [4.3, 10.7]$，Nu 对 Pr 的依赖性较弱[17,26]，所以以水作为工质的测量结果可以外推到整个 Ra 区间，此时 Nu 和 Ra 的标度律指数为 0.30 ± 0.01。但是对于具有表面粗糙结构的系统而言，Pr 的影响却可能显现出来。这是因为当

$Pr > 1$ 时，温度边界层比黏性边界层更薄，如果逐渐增加 Ra，粗糙元将会首先扰动温度边界层，再扰动黏性边界层，造成传热标度律的多态效应。粗糙元高度与温度和黏性边界层厚度的竞争关系将会决定某个 Ra 下的传热标度律特性，这有待未来进一步的研究来理解具有表面粗糙结构的热对流系统的 Pr 依赖关系。

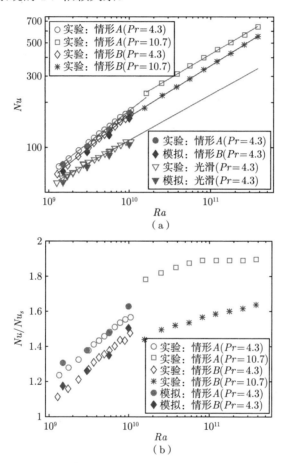

图 6.6　光滑表面和具有棘齿结构表面系统传热特性对比

（a）Nu 随 Ra 的变化关系；（b）归一化的 Nu/Nu_s 随 Ra 的变化关系
Nu_s 为光滑系统的 Nu，空心符号为实验测得的数据，实心符号为数值模拟所得到的数据，（a）中实线通过实验数据拟合得到

进一步地，可以发现具有表面粗糙结构的系统的传热效率显著强于表面光滑的系统，并且存在如 Zhu 等[123] 报道的两个不同的标度律区间。

在区间 I, 对应 $Ra \in [1.3 \times 10^9, 1.0 \times 10^{10}]$, 此时粗糙元扰动温度边界层, 造成传热效率的剧烈增加。在该区间, 局部传热标度律指数对于情形 A 为 0.42 ± 0.01, 情形 B 为 0.44 ± 0.01。若进一步增加 Ra(超过 1.0×10^{10}), 传热标度律指数所受影响趋于饱和。对于情形 A, 其退回到 0.32 ± 0.01; 对于情形 B, 其退回到 0.34 ± 0.01; 该区间称为 "区间 II"。数值模拟的结果也以实心符号展现在图 6.6 (a) 中, 实验和数值模拟的结果整体上都是符合的, 除了 Nu 绝对值的微小差异。这个微小差异是由于实验和数值模拟所采用的不同的温度边界条件造成的。在数值模拟中, 加热板和冷却板都采用恒温边界条件; 而在实验中, 冷却板采用恒温边界条件, 加热板采用恒热流边界条件。对于恒热流边界条件而言, 由于板的导热性有限, 且对流槽内流体的分层使加热板上存在着较强的温度梯度, 造成实验和数值模拟所得的 Nu 存在微弱的差异。

为了对比情形 A 和情形 B 的 Nu 增长情况, 利用光滑系统的 Nu 对情形 A 和情形 B 的 Nu 进行归一化处理, 得到图 6.6 (b)。显然, 具有表面棘齿结构的系统的传热特性都强于光滑系统。无论是情形 A 还是情形 B, Nu 的增长趋势具有共同的特征: 在 Ra 较小时 ($Ra \approx 10^9$), Nu 的增长也相对较小, 而随着 Ra 的增加, Nu 的增量逐渐增加。这是因为随着 Ra 的增大, 温度边界层的厚度 λ_θ 逐渐变薄, 造成粗糙元的有效高度 h/λ_θ 增加, 因此粗糙元将会更加剧烈地扰动流动, 这是产生上述 Nu 增量变化趋势的原因。

接下来, 重点关注情形 A 和情形 B 中 Nu 增量的差异性。对于实验中的最小 $Ra(Ra = 1.3 \times 10^9)$, 情形 A 的 Nu 增量 $Nu_{en} = 23.5\%$, 而情形 B 的 Nu 增量 $Nu_{en} = 11.2\%$。而随着 Ra 的增大, 两种情形 Nu 增量的变化表现出不同的特性。对于最大的 $Ra(Ra = 3.8 \times 10^{11})$, 情形 A 和情形 B 中 Nu 的增量分别为 89.8% 和 63.6%。可见, 在 VC 系统中, 当大尺度环流沿着棘齿舒缓斜面流过时 (情形 A), 系统的传热效率明显强于当大尺度环流迎着棘齿陡峭斜面流过时 (情形 B)。那么是什么物理原因造成了两种情形下相差巨大的 Nu 增量呢? 此外, 在 6.1 节中, VC 系统和 RBC 系统在边界层特性、对称型表面粗糙结构的影响等方面具有许多共通之处, 但为何棘齿结构的非对称性对 VC 系统和 RBC 系统的影响却截然相反? 这些问题将在 6.3 节解答。

6.3　大尺度环流的动力学特性

为了回答 6.2.2 节中棘齿的非对称性结构如何影响 VC 系统传热的相关问题，本节从定性和定量的角度详细分析了系统的大尺度环流的动力学特性。

图 6.7 展示了系统内的雷诺数随 Ra 的变化关系，雷诺数的定义为 $Re = V_{\mathrm{LSCR}} L_z / \nu$，其中 $V_{\mathrm{LSCR}} = (\langle u_x \rangle_{\mathrm{S}})_{\mathrm{max}}$ 为大尺度环流 x 方向速度分量的最大值，这里 $\langle \cdot \rangle_{\mathrm{S}}$ 表示时间平均和沿着 x-y 的截面平均，Re 的大小反映了系统内流动的强度。从图 6.7 可以看出，在 VC 系统中，情形 A 的 Re 最大，其次是情形 B，光滑系统的 Re 最小。据此可以合理推断情形 A 中更强的大尺度环流是其传热效率最高的原因。然而，又是什么因素造成情形 A 和情形 B 大尺度环流强度的差异呢？

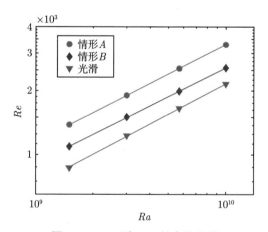

图 6.7　Re 随 Ra 的变化关系

数据来源于数值计算，Re 定义为 $Re = V_{\mathrm{LSCR}} L_z / \nu$，其中 $V_{\mathrm{LSCR}} = (\langle u_x \rangle_{\mathrm{S}})_{\mathrm{max}}$ 是大尺度环流 x 方向速度分量的最大值

为了理解棘齿结构的不对性如何影响情形 A 和情形 B 中大尺度环流的强度，首先利用阴影法流动显示技术测量当 $Ra = 5.7 \times 10^9$、$\overline{T} = 40\ ^{\circ}\mathrm{C}$ 时情形 A 和情形 B 的流动结构。如图 6.8 所示，对于情形 A，可见贴近壁面的流体在浮力（重力）的作用下沿着棘齿舒缓的斜面流过。而对于情形 B，棘齿的陡峭斜面阻碍了贴近壁面的边界层流动的发展，从而削弱

了大尺度环流的强度。图 6.9（a）、（c）展示了系统内的瞬时温度场。与阴影法流动显示的结果相符，对于情形 A 可见壁面附近仍然存在些许羽流，这些羽流沿着棘齿的舒缓斜面发展汇聚，形成较强的大尺度环流。相反，对于情形 B，这些羽流被棘齿的陡峭斜面阻挡，难以汇聚而迅速耗散，使得大尺度环流的强度变弱。图 6.9（b）、（d）展示了瞬时竖直速度场。对于情形 A，边界层流动沿着棘齿的舒缓斜面发展，并在靠近板的边界位置分离以水平侵入流的形式汇聚成大尺度环流。而对于情形 B，边界层流被棘齿的陡峭斜面阻碍，难以汇聚发展，在壁面附近就逐渐耗散，使得大尺度环流的强度较弱。情形 A 和情形 B 中的棘齿对大尺度环流的作用是造成两种情形下传热效率差异的物理原因。

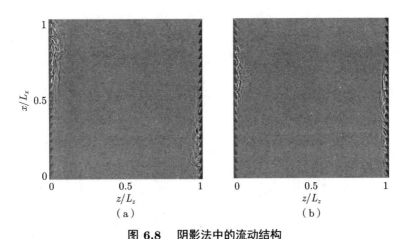

图 6.8　阴影法中的流动结构

（a）情形 A；（b）情形 B

大尺度环流方向均为顺时针，其他参数为 $Ra = 5.7 \times 10^9$, $\overline{T} = 40\ ^\circ\text{C}$

　　图 6.10 展示了平均竖直速度 u_x 随着 z/L_z 的变化关系。可以看出，无论是情形 A 还是情形 B，平均竖直速度剖面具有相似的趋势。平均竖直速度在棘齿的尖端附近出现最大值后迅速减小，在中间区域近似为零。从插图中可以发现，情形 A 的最大平均竖直速度 $(\langle u_x \rangle_\text{S})_\text{max} = 0.072$ 大于情形 B 的最大平均竖直速度 $(\langle u_x \rangle_\text{S})_\text{max} = 0.058$，这一结果和瞬时速度场是吻合的。图 6.11 给出了叠加速度矢量的平均竖直速度场，可以看出确实情形 A 中的大尺度环流强度要强于情形 B。并且，在情形 A 中棘齿之间存在着二次涡，这将在 6.4 节中讨论。总的来说，在情形 A 中，棘

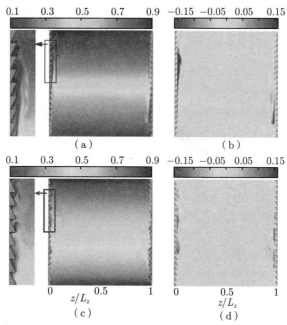

图 6.9　数值模拟得到的瞬时温度场（前附彩图）

左侧的插图为贴近壁面的局部放大图（a）情形 A,（c）情形 B；
瞬时竖直速度场 (u_x)：（b）情形 A,（d）情形 B
四张图大尺度环流方向均为顺时针，其他参数为 $Ra = 5.7 \times 10^9$, $Pr = 4.3$

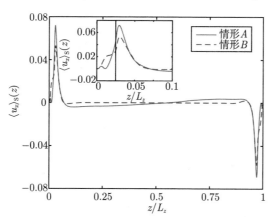

图 6.10　平均竖直速度随着 z/H 的变化关系

图中插图展示了靠近棘齿附近的速度剖面，竖直的黑色实线给出了棘齿尖端所在位置，
其他参数为 $Ra = 5.7 \times 10^9$, $Pr = 4.3$

齿的舒缓斜面对大尺度环流而言更像是"加速器",其增强了大尺度环流的强度,而情形 B 中的棘齿陡峭斜面却像一个"刹车"削弱了大尺度环流的强度。

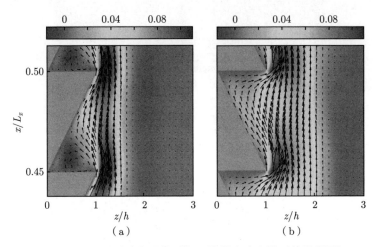

图 6.11　叠加速度矢量的时间平均竖直速度场（前附彩图）

（a）情形 A；（b）情形 B
所选区域为加热板的正中央,其他参数为 $Ra = 5.7 \times 10^9$, $Pr = 4.3$

6.4　温度剖面特性

本节将讨论温度剖面的相关特性。大量针对湍流热对流系统温度剖面特性的研究[29,178,193] 表明,对于表面光滑的热对流系统而言,贴近壁面的平均温度剖面是线性的。但在具有棘齿型表面结构的 VC 系统中,时间平均的温度剖面又将表现出什么样的性质呢？

6.4.1　局部平均温度剖面

本节通过数值模拟得到了情形 A（图 6.12（a））和情形 B（图 6.12（c））的温度剖面曲线。图中展示的区域位于加热板的中央,实线、虚线和点画线分别表示靠近棘齿尖端、中部和根部位置的温度剖面。如图 6.12（a）所示,情形 A 中的平均温度剖面存在两个线性区间：其中一个是贴近壁面的薄层,这与普通光滑系统中的温度剖面相似；另一个线性区间远离壁面,但是仍未进入中间体区,在两个线性区间之间存在一个平台。但是，情形 B 的温度剖面形状却大不一样，情形 B 的温度剖面更像光滑系统，在壁面附近只存在一个线性区间。

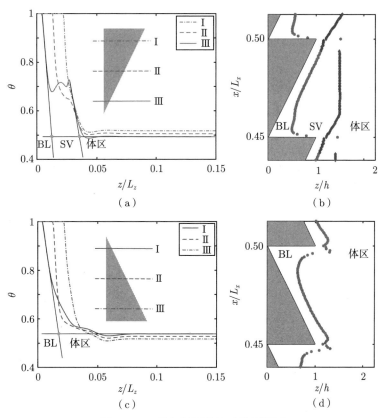

图 6.12　温度剖面特性 (前附彩图)

时间平均温度剖面：（a）情形 A，（c）情形 B，所选棘齿靠近加热板的中线，图中实线、虚线和点画线分别代表靠近棘齿尖端、中部和根部位置的温度剖面；时间平均的局部温度边界层厚度（红色圆圈），二次涡区域厚度（蓝色菱形）；（b）情形 A，（d）情形 B，展示区域位于加热板的中央附近；其他参数为 $Ra = 5.7 \times 10^9$, $Pr = 4.3$。图中缩写的含义分别为 BL: 边界层（boundary layers），SV: 二次涡（secondary vortex）

为了进一步展示情形 A 和情形 B 的温度剖面差异，利用"切线法"来估算温度边界层的厚度[29,126,178]。在该方法中，温度边界层厚度的定义为平均温度剖面在壁面处的切线和体区平均温度的交点到壁面的距离。在情形 A 中，按 Zhu 等[194] 在研究具有凹槽表面结构的泰勒-库埃特流中报道的方法，根据两个线性区间定义两种厚度。平均温度剖面在壁面处的切线和体区平均温度的交点到壁面的这一层仍然称之为"温度边界层",而第二个线性区间的切线和体区平均温度的交点到温度边界层之间的这层流体称之为"二次涡"(secondary vortex, SV),在二次涡之外便是体区。而对于情形 B,如图 6.12(c)所示,在平均温度的剖面中只存在一个线性区间,这就意味着只能估算情形 B 的温度边界层厚度。

图 6.12(b)、(d)展示了通过平均温度剖面计算得到的局部温度边界层厚度(红色圆圈)和二次涡区域厚度(蓝色菱形)。图中的棘齿结构位于加热板的中央。首先,可以看到无论是情形 A 还是情形 B,棘齿结构的出现都扰动了温度边界层,因此相对表面光滑的系统而言,传热效率增高。进一步观察,可以发现图 6.12(b)存在三个流动区间,分别是前述的边界层、二次涡和体区。在情形 A 中,由于二次涡带来的剪切作用,温度边界层在棘齿表面分布更加均匀,促进了冷热流体的掺混。而情形 B 却不一样,从图 6.12(d)可以看出,棘齿结构的陡峭斜面阻碍了流动,使得二次涡消失(或太弱难以分辨)。因此,在棘齿的根部,情形 B 的温度边界层厚度要显著厚于情形 A,这解释了前者相比后者传热效率更差的原因。

6.4.2 局部传热效率

考虑温度剖面在壁面处的梯度,可以计算局部传热特性,局部 Nu_r 可以根据单个棘齿元所传输的热量 J_r 计算,其定义为 $Nu_r = J_r/(\chi\Delta/L_z)$,$J_r = 1/(L_y\lambda)\chi\int(\partial\langle\theta\rangle/\partial\hat{n})\mathrm{d}S$。其中,$\hat{n}$ 是垂直于棘齿表面的单位向量;$\int(\cdot)\mathrm{d}S$ 是沿着棘齿表面的积分;λ 为棘齿的宽度。由于加热板和冷却板的热量输运是守恒的,这里以加热板作为分析对象。

如图 6.13 所示,两种情形下的局部传热效率随板上位置的变化关系有相似的趋势:在加热板的底部,局部传热效率最大,随着 x/L_x 的增加,局部传热效率迅速减小,局部传热效率随着 x/L_x 的增加而略微增加,直到板的顶端保持单调减小。具体而言,可以看到当 $x/L_x < 0.25$ 时,情形 A 和情形 B 的局部传热效率相近且都较大,这是因为水平侵入流从冷却板携带大量冷流体来冷却加热板,造成局部较大的温度梯度。然而,随着 x/L_x 继续增大,两种情形下局部 Nu_r 的变化却存在一定的差异。当

$x/L_x > 0.35$ 时，情形 A 的局部传热效率开始超过情形 B，在整个加热板的上半部分，情形 A 的局部传热效率都明显强于情形 B。

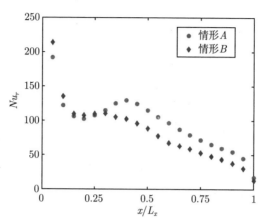

图 6.13　加热板上局部 Nu_r 随位置 x/L_x 的变化关系

实心圆形为情形 A，实心菱形为情形 B，x/L_x 表示每一个棘齿中心位置在板上的坐标，为了方便对比，x/L_x 的起点均以大尺度环流在热表面的起始位置作为参考。

　　加热板的上半部分，情形 A 的局部传热效率会超过情形 B 吗？参考图 6.9（a）和图 6.11（a），可见在情形 A 中，当流动从一个棘齿的尖端分离后又会重新与下一个棘齿的舒缓斜面再接触。正如 Keating 等[195] 的报道，在背向台阶流动（backward-facing step）中，局部传热效率的最大位置就是在来流和壁面再接触的位置。同样，在情形 A 中，流动分离卷入的冷流体撞击下一个棘齿的表面会极大地增强热交换，而在情形 B 中（参考图 6.9（c）和图 6.11（b）），从一个棘齿尖端分离的流体在棘齿陡峭斜面的作用下并不能有效地与下一个棘齿表面再接触，而是在水平速度分量的作用下深入体区被耗散。所以在加热板的上半部分，竖直方向的边界层流动已经发展起来，局部传热由类似背向台阶流动模型控制，此情况下情形 A 的局部传热效率相较情形 B 更高。

6.5　垂直对流系统和瑞利-伯纳德 对流系统的对比

本节直接对比了棘齿型表面结构对 VC 系统和 RBC 系统传热效率影响的差异。针对 RBC 系统和 VC 系统的研究采用几何形状完全一样的实验装置，以及相似的流动状态的定义：当大尺度环流沿着棘齿舒缓斜面流过时称之为"情形 A"，当大尺度环流迎着棘齿陡峭斜面流过时称之为"情形 B"，为了加以区分，分别称之为"RBC-情形 A"（图 6.14（a）下半部分），"RBC-情形 B"（图 6.14（a）上半部分），"VC-情形 A"（图 6.14（c）上半部分），以及"VC-情形 B"（图 6.14（c）下半部分）。

图 6.14（b）展示了在 VC 系统和 RBC 系统中 $Nu/Ra^{1/3}$ 随 Ra 的变化关系。首先，当 Ra 相同，RBC 系统的传热效率普遍高于 VC 系统。这是因为当重力的方向和温度梯度方向平行时，系统内的流动强度比重力方向和温度梯度方向垂直时更强，这可以从阴影法的流动显示结果，以及板上温度脉动信号得到验证。在 RBC 系统中，情形 B 的传热效率比情形 A 的传热效率更高；相反，在 VC 系统中，情形 B 的传热效率却显著弱于情形 A，对比这两个系统的差异对理解热对流现象意义重大。

在 RBC 系统中，热流方向和重力方向平行，羽流是传热的主要载体。当大尺度环流撞击棘齿的陡峭斜面时，大量的羽流从棘齿的尖端脱落排放进入湍流体区，这些羽流在重力（浮力）的作用下作为热载体抵达另一块板，实现热量的传递。羽流定量统计特性证实，RBC 系统的情形 B 中的羽流数目最多，其次是 RBC 系统的情形 A，最后是光滑系统，这解释了 RBC 系统的情形 B 的传热效率更高的原因。最后检查情形 A 和情形 B 的大尺度环流强度，可以发现情形 B 的大尺度环流 $V_{\text{LSCR}}(B) = 0.129$ 强于情形 A 中的大尺度环流强度 $V_{\text{LSCR}}(A) = 0.117$。可以看出，虽然情形 B 中棘齿的排列方向意味着更大的流动阻力，但是更多的羽流脱落排放有助于热量传递，羽流相互汇聚还会促进形成更强的大尺度环流。

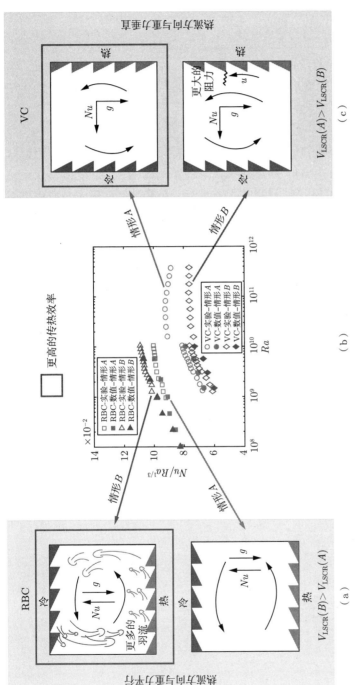

图 6.14　具有棘齿结构的 RBC 系统和 VC 系统对比

(a) 具有棘齿型表面结构的 RBC 系统内流动结构示意图，展示了系统内羽流的排放过程；(b) $Nu/Ra^{1/3}$ 随 Ra 的变化关系，正方形和三角形数据来自 RBC 系统，圆形和菱形数据来自 VC 系统；(c) 具有棘齿型表面结构的 VC 系统内流动结构示意图，展示了系统内棘齿阻流动的过程

与 RRC 系统不同，在 VC 系统中，热流方向与重力方向垂直，因此在加热（冷却）板壁面附近的边界层流体所受的浮力（重力）是平行于板的，边界层流会沿着壁面发展而不会直接分离，羽流自然较少形成。因此，对于 VC 系统的情形 *B*（图 6.14（c）下半部分），边界层流必须要迎着棘齿的陡峭斜面流动，且会被其严重阻碍，使得情形 *B* 的大尺度环流强度较弱。而在 RBC 系统中正好相反，浮力（重力）是垂直于加热（冷却）板的，可以直接帮助羽流从板上的边界层分离，脱落进入湍流体区。总结起来，可以看出情形 *B* 中的棘齿表面结构在 RBC 系统和 VC 系统中起到的作用完全不一样。在 RBC 系统中，棘齿的表面结构是造成更强的羽流排放的源头；而在 VC 系统中，其反而会阻碍大尺度环流的形成。这些丰富的动力学现象，都归因于费曼棘齿结构的不对性。

第 7 章　非对称费曼棘齿结构对倾斜对流的影响

本章结合实验和数值模拟探索了在倾斜对流系统中利用棘齿表面结构控制系统流动和传热特性的方法。棘齿结构的排列方向对倾斜系统的流动和传热影响巨大：当大尺度环流的方向沿着棘齿的舒缓斜面流过时，系统的传热效率即使在倾角等于 80° 时仍然未出现显著下降；而当大尺度环流逆着棘齿的陡峭斜面流过时，系统的传热效率在倾角大于 20° 时即开始快速下降。通过对流动特性的分析，解释了两种情形下传热随倾角的依赖关系。非对称费曼棘齿结构这一作用可以用来控制热对流系统的传热和流动特性。

7.1　研 究 目 的

第 5 章和第 6 章分别以 RBC 系统和 VC 系统为模型对象研究了非对称费曼棘齿结构对其传热和流动特性的影响。其中，RBC 系统是理想的研究热湍流现象的经典模型，在该系统中，温度梯度方向与重力方向平行，而 VC 系统也被称为"侧加热腔模型"，其始于对双层玻璃中空气夹层对流的研究，其温度梯度方向与重力方向垂直。这两种情况可谓热对流系统的两个特例，因为对于更广泛的工业生产过程或是自然界中发生的热对流现象，温度梯度往往与重力之间具有一定的夹角，这种情况就是本章的研究对象——倾斜对流系统（inclined convection system）。

在倾斜对流系统中，倾角 β 是影响传热效率和流动特性的重要控制参数。Ciliberto 等[196] 于 1996 年在矩形对流槽中以水作为工质进行了实验，研究了 $Pr \approx 3$，Ra 在 $10^6 \sim 10^{11}$，Γ 在 $1 \sim 6$ 时倾角的影响，发现在

倾角小于 $10°$ 时，系统的传热特性几乎不发生改变，但是会对大尺度环流的特性产生较大影响，这一结果也与 Cioni 等[55] 在 $\Gamma = 1$ 的圆柱形对流槽中的实验相符。而 Chillà 等[69] 发现对于 $\Gamma = 0.5$ 的圆柱形对流槽实验，当倾斜角较小，Nu 随着 β 增大会减小，具有 $Nu(\beta)/Nu(0)$ 约等于 $1 - 2\beta$ 的变化关系。Sun 等[197] 也发现，当 β 约为 $2°$ 时，Nu 会减小 $2\%\sim5\%$。Chillà 等[69] 提出双涡模型来解释当 $\Gamma = 0.5$ 时 Nu 减小的原因，并预测对于 $\Gamma = 1$，由于只存在一个对流涡，故当倾角较小时，系统的传热特性几乎不会发生改变。

对于大角度的倾斜，Guo 等[198] 在光滑矩形对流槽中测量了 $0 \leqslant \beta \leqslant \pi/2\,\mathrm{rad}$ 时，传热效率和流动特性随 β 的变化关系。图 7.1是实验测得的 $Nu(\beta)/Nu(0)$ 随 β 的变化关系。整体上，Nu 随 β 的增大而逐渐减小。具体而言，在 $0 \leqslant \beta \leqslant 0.15\,\mathrm{rad}$ 时，Nu 下降了约 1.4%，斜率为 $-8.57\times10^{-2}\,\mathrm{rad}^{-1}$；在 $0.15 \leqslant \beta \leqslant 1.05\,\mathrm{rad}$ 时，斜率为 $-3.27\times10^{-2}\,\mathrm{rad}^{-1}$；而当 $\beta \geqslant 1.05\,\mathrm{rad}$ 时，Nu 迅速下降，斜率为 $-0.24\,\mathrm{rad}^{-1}$，约是 $0 \leqslant \beta \leqslant 1.05\,\mathrm{rad}$ 时的 8 倍。进一步地，Guo 等[198] 发现，在 $\beta = 1.05\,\mathrm{rad}$ 时，Nu 下降约 5%，而当 $\beta = \pi/2\,\mathrm{rad}$，$Nu$ 迅速下降了 18%。通过对流场等的分析，他们认为在 $\beta = 1.05\,\mathrm{rad}$ 时，流场结构发生了显著的转变，导致了 Nu 的迅速下降。

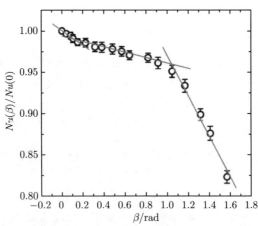

图 **7.1**　归一化的 $Nu(\beta)/Nu(0)$ 随倾斜角度 β 的变化关系[198]

图中的三条灰色实线分别是对 $0 \leqslant \beta \leqslant 0.15\,\mathrm{rad}$, $0.15 \leqslant \beta \leqslant 1.05\,\mathrm{rad}$ 和 $1.05 \leqslant \beta \leqslant \pi/2\,\mathrm{rad}$ 时数据的最小二乘法拟合，斜率分别为 $-0.87 \times 10^{-2}\,\mathrm{rad}^{-1}$，$-3.27 \times 10^{-2}\,\mathrm{rad}^{-1}$ 和 $-0.24\,\mathrm{rad}^{-1}$，实验的测量条件为 $Ra = 4.6 \times 10^9$, $Pr = 7$, $\Gamma = 1$

在某些工业生产过程中，可能需要延缓传热效率随 β 增大而剧烈减小的转变点的出现，使系统在较大的角度范围内都具有良好的传热性能。在 RBC 系统和 VC 系统中，可以利用非对称费曼棘齿结构来改变热对流的状态，但在倾斜对流中发挥棘齿结构的作用，以控制系统的流动和传热特性的研究目前尚不成熟。研究棘齿结构对倾斜对流系统的影响，探索流动传热控制方法是本章的目标。

7.2　传热特性随倾斜角的变化

本章采用的实验平台整体上与第 5 章和第 6 章的相同，2.2 节已有详细介绍，此处不再赘述，但额外设计了配套的实验装置以有效地改变系统倾斜角度。该配套实验装置为两块铝合金板拼接成的直角支架，实验中将矩形对流槽与直角支架固定，利用不同角度的楔形亚克力板支撑直角支架的两侧来控制倾斜角度 β。实验采用水作为对流工质，平均温度控制为 $40 \pm 0.05\,^\circ\text{C}$，对应 $Pr = 4.3$。传热效率的测量过程也与 RBC 系统和 VC 系统相似，但是在倾斜对流系统中，是保持冷却板和加热板之间的温差不变（$\Delta = 11$ K），对应 $Ra = 5.7 \times 10^9$，改变倾斜角度 β，以测量不同倾角下系统的对流传热效率。实验中绝大多数工况都在系统达到统计稳定之后再测量 10 h 以保证数据的可靠性。冷却板利用循环水浴系统实现恒温边界条件，加热板利用薄膜加热片提供恒定的热流。在 β 较小时，与 RBC 系统类似，体区流体的温度较为均匀，加热板上的温度分布也相对均匀，此时可看作等温边界条件。而当 β 较大时，如处于 VC 状态的极端情况，体区流体受重力的影响在 x 方向会出现显著的密度分层，从而具有较大的温度梯度，这时加热板不再满足等温边界条件。

数值模拟方法参考 2.3.2 节，采用三维直接数值模拟，所有固壁面采用无滑移速度边界条件，冷却和加热面采用等温边界条件，侧壁面采用绝热边界条件。当式 (2-31) 中的 $\beta > 0^\circ$ 时对应情形 B，当 $\beta < 0^\circ$ 时对应情形 A。在模拟中，$Ra = 5.7 \times 10^{10}$，$Pr = 4.3$，网格数为 $1280 \times 1280 \times 256$，倾角 β 分别等于 -90°、-85°、-75°、-60°、-45°、-30°、-15°、-5°、-3.2°、3.2°、5°、15°、30°、45°、60°、75°、85° 和 90°，系统从 VC 系统的情形 A 逐渐变化到 RBC 系统的情形 A，再到 RBC 系统的情形 B，

最后到 VC 系统的情形 B，共计 18 个算例。每个算例在收敛后继续模拟 100 个无量纲时间进行数据统计，以减小随机性误差。

图 7.2 展示了情形 A 和情形 B 中传热效率随倾角 $|\beta|$ 的变化关系，其中空心符号为实验测得的数据，实心符号为数值模拟的数据，为了直接对比倾角对情形 A 和情形 B 传热效率的影响，图中横坐标采用倾角的绝对值 $|\beta|$。实验和模拟中 Ra 固定为 5.7×10^9，Pr 固定在 4.3。当 $|\beta|$ 较

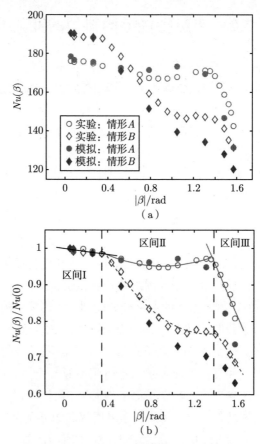

图 7.2　传热特性随倾角 $|\beta|$ 的变化

　(a) $Nu(\beta)$ 随倾角 $|\beta|$ 的变化关系；(b) 归一化的 $Nu(\beta)/Nu(0)$ 随倾角 $|\beta|$ 的变化关系
$Nu(0)$ 为 RBC 系统中对应情形 A（$\beta = 3.2°$）和情形 B（$\beta = -3.2°$）的传热效率，为了方便对比分析倾角对情形 A 和情形 B 的影响，横坐标采用倾角的绝对值 $|\beta|$。(b) 中根据 $Nu/Nu(0)$ 随倾角的变化关系将 $|\beta|$ 划分为三个区间，实线和虚线分别是根据实验测量的 Nu 和 $|\beta|$ 在各个区间进行拟合得到的。其他参数为 $Ra = 5.7 \times 10^9$，$Pr = 4.3$，$\Gamma = 1$

小时, 如 $|\beta| \leqslant 0.26$ rad ($|\beta| \leqslant 15°$), 可见实验和数值模拟数据吻合得非常好, 此时实验中加热板的温度分布较为均匀, 可看作等温边界条件。而当 $|\beta|$ 较大时, 加热板具有一定的温度梯度, 此时为恒热流边界条件, 实验测得的 Nu 的绝对值与数值模拟的结果有轻微的偏差, 但是随 $|\beta|$ 的变化趋势是相近的。

首先, 从图 7.2 (a) 可知, 当 $|\beta|$ 较小时, 倾斜对流系统的特性与 RBC 系统相近, 此时情形 B 的传热效率强于情形 A; 而当 $|\beta|$ 较大时, 倾斜对流系统的特性与 VC 系统相近, 此时情形 B 的传热效率弱于情形 A。在 $|\beta| \approx 0.61$rad ($|\beta| \approx 35°$) 时, 情形 A 和情形 B 的传热效率接近。单独来看, 情形 A 在 $0 \leqslant |\beta| \leqslant 1.40$ rad ($0° \leqslant |\beta| \leqslant 80°$) 时, Nu 受 $|\beta|$ 的影响较小, Nu 降低不超过 5%, 说明情形 A 在棘齿的作用下, 传热效率对温差和驱动力之间夹角的变化具有较强的稳定性。在 $1.40 \leqslant |\beta| \leqslant \pi/2$ rad ($80° \leqslant |\beta| \leqslant 90°$) 时, Nu 快速降低, 在 $|\beta| \approx \pi/2$ rad ($|\beta| \approx 90°$) 时降低了 19.2%。对于情形 B 而言, 当 $|\beta|$ 较小时, 与情形 A 相似, Nu 随 $|\beta|$ 变化较小, 而当 $|\beta| > 0.35$ rad ($|\beta| > 20°$) 时, Nu 即迅速下降, 在 $|\beta| \approx \pi/2$rad ($|\beta| \approx 90°$) 时下降了 33.7%。说明倾角对情形 A 和情形 B 的影响有显著差异。

为了进一步对比情形 A 和情形 B 中传热效率随倾角 $|\beta|$ 变化的差异, 图 7.2 (b) 将 $Nu(\beta)$ 利用 RBC 系统中的数据 $Nu(0) = Nu(|\beta| = 3.2°)$ 进行归一化处理。根据倾角对倾斜对流系统传热的影响可划分为三个区间。区间 I, $0 \leqslant |\beta| \leqslant 0.35$ rad ($0° \leqslant |\beta| \leqslant 20°$), 情形 A 和情形 B 的传热效率受倾角的影响较小, Nu 随 $|\beta|$ 增大而缓慢降低, 两种情形 $Nu/Nu(0)$ 下降的斜率皆为 -0.04 rad^{-1}。区间 II, 0.35 rad $\leqslant |\beta| \leqslant 1.40$ rad ($20° \leqslant |\beta| \leqslant 80°$), 此区间情形 A 和情形 B 的传热效率随倾角的变化迥异。具体而言, 对于情形 A, 传热效率随倾角的变化关系可用多项式 $Nu/(Nu(0) = 0.12\beta^2 - 0.21\beta + 1.05$ 描述, 整体来说, 传热效率受倾角的影响不大, 区间内 Nu 的变化不超过 5%; 而对于情形 B, 传热效率随倾角的增大迅速减小, 其依赖关系可用多项式 $Nu/(Nu(0) = 0.24\beta^2 - 0.65\beta + 1.20$ 描述。区间 III, $1.40 \leqslant |\beta| \leqslant \pi/2$rad ($80° \leqslant |\beta| \leqslant 90°$), 情形 A 和情形 B 的传热效率随倾角的变化关系相似, 皆随着倾角的增大而线性减小, 其中情形 A 中 $Nu/Nu(0)$ 的下降斜率为 -0.78 rad^{-1}, 情形 B 中 $Nu/Nu(0)$

的下降斜率为 -0.44 rad^{-1}。

综上所述，具有棘齿结构的倾斜热对流系统可根据倾角的大小划分为三个区间：区间 I，倾角较小，系统的特性与 RBC 系统相近，传热由羽流主导，情形 A 和情形 B 的 Nu 绝对值虽存在差异，但归一化的 Nu 随倾角的变化规律相近，该区间下情形 A 和情形 B 的详细对比分析已在第 5 章展示；区间 II，情形 A 和情形 B 的传热效率随倾角的变化差异巨大，情形 A 中的 $Nu/Nu(0)$ 受倾角影响较小，而情形 B 中的 $Nu/Nu(0)$ 随倾角增大迅速减小；区间 III，倾角较大接近 $90°$，系统的特性与 VC 系统相近，此时羽流几乎消失，传热由边界层流动和水平侵入流主导，情形 A 和情形 B 的 $Nu/Nu(0)$ 皆随倾角增大而线性减小，该区间下两种情形的详细对比分析请参考第 6 章。

那么为什么在区间 II 中，倾角对情形 A 和情形 B 的影响差异巨大呢？

7.3 流动特性随倾斜角的变化

为了理解情形 A 和情形 B 的传热效率随倾角 $|\beta|$ 的迥异变化趋势，本节从瞬时温度场入手，分析流场结构受倾角的影响。为了度量倾角的作用，将重力做正交分解，得到沿着温度梯度方向的分量 g_z 和垂直于温度梯度方向的分量 g_x。

对于区间 I，g_x 分量较小，系统由分散的羽流主导，表现出类 RBC 系统的特性，瞬时温度场可参考图 5.13。此时情形 B 中棘齿的陡峭斜面有利于更多的羽流脱落，故其传热效率更高，但两者随倾角的变化趋势相近。对于区间 III，g_z 分量较小，羽流脱落较少，系统由边界层流动主导，表现出类 VC 特性，瞬时温度场参考图 6.9，此时情形 B 中棘齿的陡峭斜面阻碍了流动的发展，削弱了大尺度环流的强度，故其传热效率更低，但两者随倾角的变化趋势相似。

对于区间 II，图 7.3 展示了情形 A 和情形 B 的瞬时温度场随倾角 $|\beta|$ 的变化。首先聚焦倾角对情形 A 的流场结构的影响，在区间 II 中，$20° \leqslant |\beta| \leqslant 80°$，$g_x$ 分量和 g_z 分量都不可忽略，共同作用对流场结构产生了影响。如图 7.3（a）所示，此时倾角不大，系统仍由重力沿温度梯

度方向的分量 g_z 主导，g_z 分量驱动热羽流从边界层脱落，沿着温度梯度方向运动实现热量的传递，但 g_x 分量也会迫使温度场在 x 方向形成一定

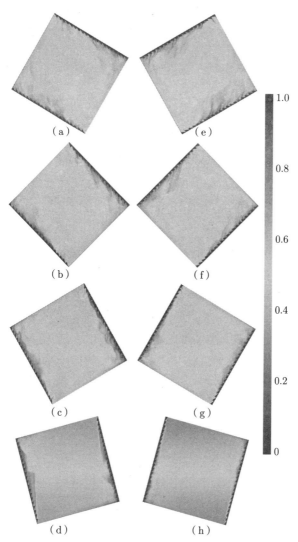

图 7.3　情形 A 和情形 B 的瞬时温度场随倾角的变化 (前附彩图)

（a）情形 A，$|\beta| = 30°$；（b）情形 A，$|\beta| = 45°$；（c）情形 A，$|\beta| = 60°$；（d）情形 A，$|\beta| = 75°$；（e）情形 B，$|\beta| = 30°$；（f）情形 B，$|\beta| = 45°$；（g）情形 B，$|\beta| = 60°$；（h）情形 A，$|\beta| = 75°$

其他参数为 $Ra = 5.7 \times 10^9$，$Pr = 4.3$，$\Gamma = 1$

的温度梯度。从图 7.3（b）～（d）可见，倾角 $|\beta|$ 不断地增大，此时重力垂直于温度梯度方向的分量 g_x 已经超过沿着温度梯度方向的分量 g_z，说明系统的流动状态逐渐发生转变。g_z 分量虽仍会促进温度边界层的脱落，但在 g_x 分量主导下，脱落后的羽流沿着导热壁面运动，最后在侧壁面汇聚，以水平侵入流的形式到达另一导热面。当倾角在区间 II 内变化时，情形 A 的传热效率之所以未出现显著下降，是因为当 $|\beta|$ 较小时，热载体是分散的羽流，而当 $|\beta|$ 较大时，热羽流在 g_x 的作用下汇聚成边界层流以水平侵入流的形式完成热量输运。倾角的增大虽然改变了热载体的形式从分散走向汇聚，但并未明显减少热载体脱落，故倾角从 3.2° 增大到 80°，情形 A 的传热效率并未出现剧烈下降。

但情形 B 的流动结构随倾角的变化却有所区别，对于图 7.3（e）、（f），此时流动虽然仍由 g_z 分量主导，但是 g_x 分量已经足够强大，迫使壁面附近的流体迎着棘齿的陡峭斜面流过，此时羽流的脱落反而被抑制，所以传热效率减小。若进一步增大倾角（图 7.3（g）、（h）），g_x 分量主导流动，情形 B 中的羽流结构逐渐减弱，边界层流取而代之，但是由于棘齿陡峭斜面的阻碍，边界层流的发展也被削弱，所以传热效率随倾角的增大迅速减弱。这一流动结构的差异性，在图 7.3（d）、（h）的对比中更加明显，此时倾角 $|\beta| = 75°$，但情形 A 中仍可观察到显著的羽流脱落并在壁面附近汇聚，汇聚的流体在侧壁面的作用下转向形成水平侵入流，携带着大量热量的水平侵入流与热羽流相似，起到传热的作用，故此时情形 A 的传热效率并未显著下降；而在情形 B 中已难以观察到显著的羽流信息，并且壁面附近的边界层流动也被棘齿的陡峭斜面所阻碍，使得该角度下的传热效率相比 RBC 系统大为减小。

7.4　局部统计特性对比

在 7.3 节中主要通过瞬时温度场展现出的流动结构特征定性地解释了情形 A 和情形 B 各自传热效率随倾角 $|\beta|$ 的变化趋势，本节从局部统计特性出发来理解情形 A 和情形 B 的差异性。

图 7.4（a）、（b）展示了区间 I、倾角等于 5° 和区间 II、倾角等于 45° 时，情形 A 和情形 B 加热板的局部 Nu_r 随位置 x/L_x 的变化关系，x/L_x

表示每一个棘齿中心位置在板上的坐标。局部 Nu_r 表示单个棘齿结构的传热贡献，其定义为 $Nu_r = J_r/(\chi\Delta/L_z)$，$J_r = 1/(L_y\lambda)\chi\int(\partial\langle\theta\rangle/\partial\hat{n})\mathrm{d}S$，其中：$\hat{n}$ 是垂直于棘齿表面的单位向量；$\int(\cdot)\mathrm{d}S$ 是沿着棘齿表面的积分；λ 为棘齿的宽度。区间 III 中情形 A 和情形 B 加热板的局部 Nu_r 随位置 x/L_x 变化关系的参考图 6.13。

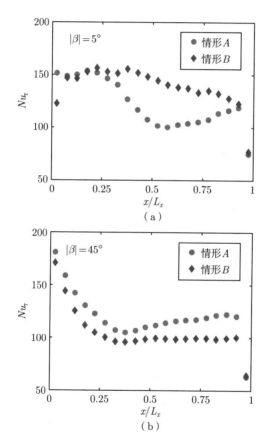

图 7.4 加热板上局部 Nu_r 随位置 x/L_x 变化关系

(a) $|\beta| = 50°$；(b) $|\beta| = 40°$

实心圆形为情形 A，实心菱形为情形 B，x/L_x 表示每一个棘齿中心位置在板上的坐标，为了方便对比，x/L_x 的起点均以大尺度环流在热表面的起始位置作为参考。局部 Nu_r 表示单个棘齿结构的传热贡献，其定义为 $Nu_r = J_r/(\chi\Delta/L_z)$，$J_r = 1/(L_y\lambda)\chi\int(\partial\langle\theta\rangle/\partial\hat{n})\mathrm{d}S$，其中 $\hat{n}$ 是垂直于棘齿表面的单位向量；$\int(\cdot)\mathrm{d}S$ 是沿着棘齿表面的积分；λ 为棘齿的宽度。其他参数为 $Ra = 5.7 \times 10^9$，$Pr = 4.3$，$\Gamma = 1$

由图 7.4 (a) 可知，此时倾角 $|\beta| = 5°$ 处于区间 I，可见情形 B 的局部 Nu_r 在加热板上的分布相对均匀，说明在棘齿陡峭斜面的作用下，热羽流直接从板上脱落分离进入湍流体区带走热量，这与图 5.5 所展示的情形 B 中的加热板温度分布较为均匀相符，也与 7.3 节中对应角度下的流场结构吻合。而对于情形 A，可见在冷羽流撞击区 ($x/L_x < 0.25$)，其局部传热效率与情形 B 几乎一致，但是当 $x/L_x > 0.25$ 时，由于情形 A 中的边界层沿着棘齿的舒缓斜面发展，相比情形 B，不利于羽流直接脱落进入体区，这些羽流仍然附着在壁面附近，所以其局部 Nu_r 出现了下降。在 $x/L_x > 0.5$ 时，局部传热效率缓慢上升，这是因为此时大尺度环流也逐渐由 x 方向转变到 z 方向，带动边界层羽流从壁面附近沿着 z 方向进入体区。

对于图 7.4 (b)，倾角等于 45° 处于区间 II，此时 g_x 分量和 g_z 分量相等，情形 A 和情形 B 具有相近的局部传热效率分布。在该区间，g_z 分量对边界层脱落的作用与 g_x 分量对边界层流动的剪切作用相当，在 x/L_x 较小的位置，冷流体撞击加热板，带走大量热量，此处局部传热效率最高，在 $x/L_x > 0.35$ 的位置，局部传热效率分布较为均匀。整体而言，情形 A 的局部传热效率都强于情形 B。

对于图 6.13，$|\beta| = 90°$ 处于区间 III，此时系统内几乎不存在分散状态的热羽流，但是由于情形 A 中的舒缓斜面对边界层流的发展具有促进作用，所以除了冷流体撞击区，在边界层流动发展区，情形 A 的局部传热效率强于情形 B，但又与 $|\beta| = 45°$ 时有所区别，这里由于 g_z 分量已经较小，边界层流贴近壁面，所以局部 Nu_r 整体上随 x/L_x 增大而减小。

为了更深入地理解情形 A 和情形 B 的传热效率在区间 II 随倾角变化差异巨大的物理原因，图 7.5 展示了不同倾角下加热板局部 Nu_r 随位置 x/L_x 的变化关系。由图 7.5 (a) 可知，对于情形 A，整体上左三角形 ($|\beta| = 15°$)、菱形 ($|\beta| = 30°$) 和上三角形 ($|\beta| = 45°$) 的局部 Nu_r 分布几乎一模一样，所以这些倾角下的全局传热效率也几乎相等。当 $|\beta| > 45°$ 时，由于流动结构发生转变，局部 Nu_r 分布和 $|\beta| < 45°$ 不同。但是对于下三角形 ($|\beta| = 60°$) 和右三角形 ($|\beta| = 75°$)，虽然热流体发射区 ($x/L_x \geqslant 0.75$) 的局部传热效率出现了明显减小，但是在边界层流动发展

区（$0.25 \leqslant x/L_x \leqslant 0.75$），局部传热效率却略微有所增加，两者的相互补偿使得全局传热效率并未出现显著下降。

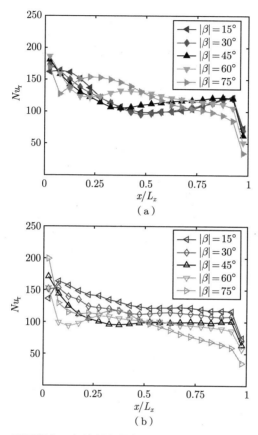

图 7.5　不同倾角下加热板上局部 Nu_r 随位置 x/L_x 变化关系

（a）情形 A；（b）情形 B

局部 Nu_r 的定义与图 7.4相同。其他参数为 $Ra = 5.7 \times 10^9$，$Pr = 4.3$，$\Gamma = 1$

对于图 7.5（b）而言，从 $|\beta| > 15°$ 起，随着倾角逐渐增大，其对流动发展的阻碍作用愈加明显，局部传热效率几乎整体减小，与全局的 Nu 变化趋势相符。但由于数值计算边界条件的差异性，以及模拟中的倾斜角度点相对稀疏，对于实验中情形 B 在 $60° \leqslant |\beta| \leqslant 80°$ 出现的小平台，目前还没有合理的解释，仍待进一步研究。

第 8 章　总结与展望

8.1　全书总结

热对流是自然界和工业生产中常见的物理现象，在天体物理、海洋大气、航空航天、能源化工等领域扮演着至关重要的角色。湍流热对流研究的核心问题之一是探索系统的对流传热效率 Nu 与热驱动强度 Ra 之间的依赖关系。经过数十年的理论、实验和数值模拟研究，科学家们已经对经典区间中 Nu 和 Ra 的标度律关系达成了一致，但由于超高 Ra 下的热对流研究存在着较大挑战，对湍流终极区间的探索仍是热对流领域的关键目标。为了提高 Ra，本书另辟蹊径，提出了以高速旋转产生的极强离心力代替重力来驱动热对流，以此搭建了旋转超重力热湍流实验平台，研究了旋转超重力热湍流系统的传热与流动特性，并在实验中观测到了湍流终极区间的出现。与此同时，在高 Ra 下，热对流系统的边界层变薄，传热表面的粗糙结构对系统的传热和流动特性影响巨大，本书在前人研究对称型壁面粗糙结构的基础上，深入探索非对称粗糙结构对热对流系统的影响，主要研究成果概括如下。

（1）提出利用离心力代替重力作为热对流的驱动力以实现高 Ra 热湍流研究的新方法，并自主设计搭建了旋转超重力热湍流实验平台。该实验平台具备精密的热学、光学测量能力，可以精确地控制系统的旋转速度，在保证系统稳定运行的同时最大可实现 100 倍重力加速度。同时基于 AFiD 开源程序进行二次开发，利用直接数值模拟验证了该方案的可行性，并研究了旋转效应对热对流系统的影响。旋转会引入离心力和科里奥利力，其中离心力是旋转超重力热湍流的驱动力，但与经典 RBC 系统中的重力有所区别，离心力的大小和半径成正比。研究发现非均匀的驱动力对系统传热效率和流动结构的影响较小，主要起到"类 NOB"效应的作用。其次发现，科里奥利力会抑制沿着旋转轴方向的流动，即泰勒–普劳德曼现象，当科里奥利力足够强时，流场结构会二维化，传热效率也相应下降。在实验中通过条纹图法观察到了对流涡的大尺度周向运动即纬向流的产生，这一现象也在数值模拟中观测到，其出现与科里奥利力和内外圆柱的曲率差异相关。对旋转效应的研究不仅为后续利用旋转超重力热湍流系统研究湍流终极区间打下了基础，也有助于理解天体对流、大气流动等具有背景旋转的热对流现象。

（2）通过旋转超重力热湍流实验平台，直接观测到了热对流中湍流终极区间的出现。实验分为两个阶段：阶段一，采用水作为工质，实现 $5g \sim 60g$ 的离心加速度范围，系统测量了 Ra 在 $6.6 \times 10^8 \sim 7.2 \times 10^{10}$ 时的系统传热特性，在 $Ra \approx 5 \times 10^{10}$ 观察到 Nu 正比于 Ra^γ 的传热标度律指数增大到超过 $1/3$，但受限于参数范围，只能给出两种可能的解释：一是旋转超重力系统中的流动转捩到湍流终极区间的临界 Ra^* 比经典 RBC 系统低，当 $Ra > 5 \times 10^{10}$ 时系统即开始进入湍流终极区间；二是当固定 Ro^{-1} 而增大 Ra 时，系统内的流动可能由二维状态退回到三维状态，使传热效率增加。为了回答传热标度律转变的确切原因，开展了阶段二的实验：利用 Novec 7200 液体作为工质，将离心加速度提高到 $100\ g$，Ra 最高拓展到 3.7×10^{12}，在接近两个数量级的 Ra 区间得到了 $\gamma = 0.40 \pm 0.01$ 的标度律指数，通过对比 $Ro^{-1} = 10^{-5}$（科里奥利力忽略不计，系统处于三维状态）的传热数据，发现当 $Ra > 10^{11}$ 时，实验测得的 Nu 超过了外推模拟得到的三维状态下的 Nu，这否定了阶段一实验中提出的流场由二维转变到三维的猜想。并且当 $Ra > Ra^*$ 时，速度型中出现了超过一个量级壁面距离的对数区，Re_s 也已达到转捩临界值，湍流体区的温度脉动与 Ra 的标度律发生转变，这些证据皆指向湍流终极区间的出现。

（3）受费曼棘齿相关实验的启发，本书在前人研究对称型粗糙表面结构的基础上将非对称费曼棘齿结构引入 RBC 系统，结合实验和数值模拟系统地研究了棘齿结构对 RBC 系统传热和流动特性的影响。首先，研究中发现由于棘齿型表面结构的引入，RBC 系统出现了对称破缺现象，大尺度环流被锁定在与棘齿排列一致的方向，通过引入一个小的倾角可以控制大尺度环流的方向得到两种流动状态，这两种流动状态对应不同的传热效率：当大尺度环流迎着棘齿的陡峭斜面流过时（情形 B）的传热效率强于其沿着棘齿舒缓的斜面流过（情形 A）。瞬时温度场和阴影法流动可视化结果表明，情形 B 中的大尺度环流撞击棘齿的陡峭斜面会造成强烈的羽流分离，相比情形 A，更多的羽流从边界层脱落进入湍流体区是其传热效率更高的物理原因。羽流的定量统计特性得出情形 B 的热羽流数量多于情形 A，并都显著多于光滑系统，这与流动显示的结果吻合。

（4）结合实验和数值模拟探索了非对称棘齿结构对垂直对流系统传热和流动特性的影响。类似于 RBC 系统，由于棘齿结构的不对称性，棘齿不同的排列方向对应着系统两种不同的流动状态和不同的传热效率。但在 VC 系统中，当大尺度环流沿着棘齿舒缓斜面流过时，其传热效率反而比迎着棘齿陡峭斜面流过时更强，这与 RBC 系统中的结果相反。Re、瞬时温度场、瞬时竖直速度场、阴影法流动显示和平均竖直速度剖面等表明，在 VC 对流中，流场结构发生转变，羽流结构基本消失，系统的传热效率依赖于大尺度环流的强度，情形 B 中棘齿的陡峭斜面阻碍了边界层流动的发展，也使得水平侵入流变弱。更进一步地，平均温度剖面分析表明，在情形 A 中，更强的大尺度环流激发了棘齿与棘齿之间空隙中二次涡的形成，二次涡促进冷热流体之间的掺混。因此，情形 A 中更强的、更有效的大尺度环流是情形 B 的传热效率弱于情形 A 的原因。

（5）将非对称棘齿结构对热对流的影响研究推广到更普适的倾斜对流中，发展流动传热控制新方法。对于经典光滑热对流系统，当温度梯度与重力的夹角超过 $60°$ 后，传热效率随迅速下降。而对于具有棘齿结构的热对流系统，情形 A 和情形 B 的传热效率随倾角的变化趋势迥异。在情形 A 中，即使当倾角增大到 $80°$，系统的传热效率也未出现显著下降，降幅在 5% 以内，而当倾角大于 $80°$ 才开始迅速下降；对于情形 B，系统的传热效率仅在 $0° \sim 20°$ 保持相对稳定，而后随倾角的增大快速下降。借助不同倾角下的瞬时温度场和局部统计特性的分析，发现两种情形传热效率随倾角的变化差异巨大的原因在于非对称棘齿结构在由分散羽流控制的类 RBC 系统和边界层流动控制的类 VC 系统中扮演着不同的角色。情形 A 之所以能够在较大的角度范围保持传热效率不降低，是因为当倾角较小时，热载体是分散的羽流，而当倾角增大时，羽流逐渐聚集以边界层流动和水平侵入流的形式输运热量，倾角虽然改变了热载体的存在形式，但并未明显削弱热载体的输运。而情形 B 在倾角较小时，即 g_x 分量较小、系统完全由 g_z 主导时，棘齿的陡峭斜面会促进羽流脱落从而使传热效率较高；一旦倾角增大，g_x 分量贡献增大，不仅羽流脱落被削弱，边界层流动的发展也会被阻碍，传热效率快速下降。

8.2　研究创新点

（1）本书提出了一个利用高速旋转产生的强大离心力代替重力以增强热对流系统湍流强度的新方案。自主设计并搭建了最高达 100 倍等效重力的超重力热湍流实验平台，其具备精密的传热、流动测量能力。

（2）本书基于旋转超重力热湍流系统，在接近两个数量级的 Ra 区间直接观测到了湍流终极区间的标度律，并从对数区速度型、Re_{s}、温度脉动等方面提供了解释。

（3）本书将"费曼棘齿"的概念引入热湍流领域，利用棘齿结构打破了热对流系统的对称性，观测到了丰富的流动传热现象，并以此揭示了瑞利-伯纳德对流系统和垂直对流系统不同流动结构下的传热机理。

（4）本书利用非对称壁面粗糙结构来调制湍流流动和传热，控制棘齿结构的排列方向，可延缓传热效率随倾角增大而剧烈减小的转变点的出现，增强系统传热的鲁棒性。

8.3　未来展望

本书通过自建旋转超重力热湍流系统研究了旋转超重力下的热对流现象，在湍流热对流系统中观测到了湍流终极区间，并结合实验和数值模拟探索了非对称表面结构的影响。但限于目前的实验手段和各种因素，仍有诸多未尽之处，本项研究可以在以下方面进一步探索。

（1）科里奥利力对传热的影响并不单调，在 Ro^{-1} 约为 1 时，Nu 随 Ro^{-1} 的变化表现出了复杂的依赖关系，研究科里奥利力、离心浮力、黏性力的相互作用有助于理解这一复杂现象。

（2）纬向流的动力学特性对 Ro^{-1}、Ra 等的响应关系，以及纬向流对传热效率的影响。

（3）利用激光多普勒测速法、粒子图像测速法等手段在实验中定量测量旋转超重力热湍流系统的速度场特性。

（4）在费曼棘齿结构的研究中，进一步研究棘齿高度、宽度等的影响，建立相关模型，为工业应用提供理论基础。

除本书已涵盖的内容之外，旋转超重力系统作为平台型实验装置，得益于超重力场的时空压缩、增强能量和促进相分离效应，可在此基础上开展丰富的科学研究。

（1）热湍流研究。在传统 RBC 系统中，即使 Ra 较大，流动依然很慢，不同尺寸的结构分离有限，可利用旋转超重力湍流系统研究不同尺度湍流结构之间的能量传递。

（2）多相流研究。超重力可以增强不同相之间的相对运动，促进相分离。

（3）超重力燃烧、液滴撞击动力学、深水爆炸模拟等相关研究。

参 考 文 献

[1]   MCKENZIE D P, ROBERTS J M, WEISS N O. Convection in the Earth's mantle: Towards a numerical simulation[J]. Journal of Fluid Mechanics, 1974, 62: 465-538.

[2]   GLATZMAIERS G A, ROBERTS P H. A three-dimensional selfconsistent computer simulation of a geomagnetic field reversal[J]. Nature, 1995, 377: 203-209.

[3]   CATTANEO F, EMONET T, WEISS N. On the interaction between convection and magnetic fields[J]. Astrophysical Journal, 2003, 588: 1183-1198.

[4]   HEIMPEL M, AURNOU J, WICHT J. Simulation of equatorial and high-latitude jets on jupiter in a deep convection model[J]. Nature, 2005, 438: 193-196.

[5]   HARTMANN D L, MOY L A, FU Q. Tropical convection and the energy balance at the top of the atmosphere[J]. Journal of Climate, 2001, 14: 4495-4511.

[6]   MARSHALL J, SCHOTT F. Open-ocean convection: Observations, theory, and models[J]. Reviews of Geophysics, 1999, 37: 1-64.

[7]   余荔, 宁利中, 魏炳乾, 等. Rayleigh-Bénard 对流及其在工程中的应用[J]. 水资源与水工程学报, 2008, 19: 52-54.

[8]   WEISBERG A, BAU H. Analysis of microchannels for integrated cooling [J]. International Journal of Heat and Mass Transfer, 1992, 35: 2465-2474.

[9]   MÜLLER G. Convection in melts and crystal growth[J]. Advances in Space Research, 1983, 3: 51-60.

[10]   ZVIRIN Y. A review of natural circulation loops in pressurized water reactors and other systems[J]. Nuclear Engineering and Design, 1982, 67: 203-225.

[11]   BRUCE J M. Natural convection through openings and its application to cattle building ventilation[J]. Journal of Agricultural Engineering Research, 1978, 23: 151-167.

[12]   OWEN J M, LONG C A. Review of buoyancy-induced flow in rotating cavities[J]. Journal of Turbomachinery, 2015, 137: 111001.

[13]   MALKUS M V R. The heat transport and spectrum of thermal turbulence [J]. Proceedings of the Royal Society of London. Series A, 1954, 225: 196-212.

[14]   CASTAING B, GUNARATNE G, HESLOT F, et al. Scaling of hard thermal turbulence in Rayleigh-Bénard convection[J]. Journal of Fluid Mechanics, 1989, 204: 1-30.

[15]   SHRAIMAN B I, SIGGIA E D. Heat transport in high-Rayleigh number convection[J]. Physical Review A, 1990, 42: 3650-3653.

[16]   GROSSMANN S, LOHSE D. Scaling in thermal convection: A unifying theory[J]. Journal of Fluid Mechanics, 2000, 407: 27-56.

[17]   GROSSMANN S, LOHSE D. Thermal convection for large Prandtl number [J]. Physical Review Letters, 2001, 86: 3316-3319.

[18]   MALKUS W V R. Discrete transitions in turbulent convection[J]. Proceedings of the Royal Society of London (Series A), 1954, 225: 185-195.

[19]   GARON A M, GOLDSTEIN R J. Velocity and heat transfer measurements in thermal convection[J]. Physics of Fluids, 1973, 16: 1818-1825.

[20]   HESLOT F, CASTAING B, LIBCHABER A. Transition to turbulence in helium gas[J]. Physical Review A, 1987, 36: 5870-5873.

[21]   PROCACCIA I, CHING E S C, CONSTANTIN P, et al. Transition to convective turbulence: The role of thermal plumes[J]. Physical Review A, 1991, 44: 8091- 8102.

[22]   DELUCA E E, WERNE J, ROSNER R, et al. Numerical simulations of soft and hard turbulence - preliminary results for two-dimensional convection[J]. Physical Review Letters, 1990, 64: 2370-2373.

[23]   KERR R. Rayleigh number scaling in numerical convection[J]. Journal of Fluid Mechanics, 1996, 310: 139-179.

[24]   VERZICCO R, ORLANDI P. A finite-difference scheme for three-dimensional incompressible flow in cylindrical coordinates[J]. Journal of Computational Physics, 1996, 123: 402-413.

[25]   SHISHKINA O, WAGNER C. Analysis of sheetlike thermal plumes in turbulent Rayleigh–Bénard convection[J]. Journal of Fluid Mechanics, 2008, 599: 383-404.

[26]   STEVENS R J A M, LOHSE D, VERZICCO R. Prandtl and Rayleigh number dependence of heat transport in high Rayleigh number thermal convection[J]. Journal of Fluid Mechanics, 2011, 688: 31-43.

[27]   GUBBINS D. The Rayleigh number for convection the Earth's core[J].

Physics of the Earth and Planetary Interiors, 2001, 128: 3-12.

[28]　KRAICHNAN R H. Turbulent thermal convection at arbritrary Prandtl number[J]. Physics of Fluids, 1962, 5: 1374-1389.

[29]　ZHOU Q, XIA K Q. Thermal boundary layer structure in turbulent Rayleigh-Bénard convection in a rectangular cell[J]. Journal of Fluid Mechanics, 2013, 721: 199-224.

[30]　HUBBARD W B, BURROWS A, LUNINE J L. Theory of giant planets[J]. Annual Review of Astronomy and Astrophysics, 2000, 40: 103-136.

[31]　BÉNARD H. Les tourbillons cellulaires dans une nappe liquide[J]. Revue Générale des Sciences Pures et Appliquées, 1900, 11: 56-60.

[32]　RAYLEIGH L. On convection currents in a horizontal layer of fluid when higher temperature is on the under side[J]. Philosophical Magazine, 1916, 32: 529-543.

[33]　CHANDRASEKHAR S. Hydrodynamic and hydromagnetic stability[M]. New York: Dover, 1981.

[34]　DRAZIN P, REID W H. Hydrodynamic stability[M]. Cambridge: Cambridge University Press, 1981.

[35]　BODENSCHATZ E, PESCH W, AHLERS G. Recent developments in Rayleigh-Bénard convection[J]. Annual Review of Fluid Mechanics, 2000, 32: 709-778.

[36]　GETLING A V. Rayleigh-Bénard convection: Structures and dynamics[M]. Singapore: World Scientific, 1998.

[37]　OBERBECK A. Über die wärmeleitung der flüssigkeiten bei berücksichtigung der strömungen infolge von temperaturdifferenzen[J]. Annual Review of Physical Chemistry, 1879, 7: 271.

[38]　BOUSSINESQ J. Theorie analytique de la chaleur, vol. 2[M]. Paris: Gauthier-Villars, 1903.

[39]　SIGGIA E D. High Rayleigh number convection[J]. Annual Review of Fluid Mechanics, 1994, 26: 137-168.

[40]　周全, 孙超, 郗恒东, 等. 湍流热对流中的若干问题[J]. 物理, 2007, 36: 657-663.

[41]　AHLERS G, GROSSMANN S, LOHSE D. Heat transfer and large scale dynamics in turbulent Rayleigh-Bénard convection[J]. Reviews of Modern Physics, 2009, 81: 503-537.

[42]　LOHSE D, XIA K Q. Small-scale properties of turbulent Rayleigh-Bénard convection[J]. Annual Review of Fluid Mechanics, 2010, 42: 335-364.

[43]　周全, 夏克青. Rayleigh-Bénard 湍流热对流研究的进展、现状及展望[J]. 力学进展, 2012, 42: 231-251.

[44] SPIEGEL E A. Convection in stars I. basic boussinesq convection[J]. Annual Review of Astronomy and Astrophysics, 1971, 9: 323-352.

[45] CHAVANNE X, CHILLA F, CASTAING B, et al. Observation of the ultimate regime in Rayleigh-Bénard convection[J]. Physical Review Letters, 1997, 79: 3648-3651.

[46] CHAVANNE X, CHILLA F, CHABAUD B, et al. Turbulent Rayleigh-Bénard convection in gaseous and liquid He[J]. Physics of Fluids, 2001, 13: 1300-1320.

[47] NIEMELA J J, SKRBEK L, SWANSON C, et al. New results in cryogenic helium flows at ultra-high Reynolds and Rayleigh numbers[J]. Journal of Low Temperature Physics, 2000, 121: 417-422.

[48] NIEMELA J, SREENIVASAN K R. Turbulent convection at high Rayleigh numbers and aspect ratio 4[J]. Journal of Fluid Mechanics, 2006, 557: 411-422.

[49] ASHKENAZI S, STEINBERG V. High Rayleigh number turbulent convection in a gas near the gas-liquid critical point[J]. Physical Review Letters, 1999, 83: 3641-3644.

[50] ROCHE P E, CASTAING B, CHABAUD B, et al. Prandtl and Rayleigh numbers dependences in Rayleigh-Bénard convection[J]. Europhysics Letters, 2002, 58: 693-698.

[51] ROSSBY H T. A study of Bénard convection with and without rotation[J]. Journal of Fluid Mechanics, 1969, 36: 309-335.

[52] TAKESHITA T, SEGAWA T, GLAZIER J A, et al. Thermal turbulence in mercury[J]. Physical Review Letters, 1996, 76: 1465-1468.

[53] CIONI S, CILIBERTO S, SOMMERIA J. Temperature structure functions in turbulent convection at low Prandtl number[J]. Europhysics Letters, 1995, 32: 413-418.

[54] CIONI S, CILIBERTO S, SOMMERIA J. Experimental study of high Rayleigh-number convection in mercury and water[J]. Dynamics of Atmospheres and Oceans, 1996, 24: 117-127.

[55] CIONI S, CILIBERTO S, SOMMERIA J. Strongly turbulent Rayleigh-Bénard convection in mercury: Comparison with results at moderate Prandtl number[J]. Journal of Fluid Mechanics, 1997, 335: 111-140.

[56] GLAZIER J A, SEGAWA T, NAERT A, et al. Evidence against "ultrahard" thermal turbulence at very high Rayleigh numbers[J]. Nature, 1999, 398: 307-310.

[57] HORANYI S, KREBS L, MÜLLER U. Turbulent Rayleigh-Bénard convec-

tion in low Prandtl number fluids[J]. International Journal of Heat and Mass Transfer, 1999, 42: 3983-4003.

[58] AHLERS G, XU X. Prandtl-number dependence of heat transport in turbulent Rayleigh-Bénard convection[J]. Physical Review Letters, 2001, 86: 3320-3323.

[59] XIA K Q, LAM S, ZHOU S Q. Heat-flux measurement in high-Prandtl-number turbulent Rayleigh-Bénard convection[J]. Physical Review Letters, 2002, 88: 064501.

[60] VERZICCO R, CAMUSSI R. Prandtl number effects in convective turbulence[J]. Journal of Fluid Mechanics, 1999, 383: 55-73.

[61] FUNFSCHILLING D, BROWN E, NIKOLAENKO A, et al. Heat transport by turbulent Rayleigh-Bénard convection in cylindrical cells with aspect ratio one and larger[J]. Journal of Fluid Mechanics, 2005, 536: 145-154.

[62] NIKOLAENKO A, BROWN E, FUNFSCHILLING D, et al. Heat transport by turbulent Rayleigh-Bénard convection in cylindrical cells with aspect ratio one and less[J]. Journal of Fluid Mechanics, 2005, 523: 251-260.

[63] CHING E S C, TAM W S. Aspect-ratio dependence of heat transport by turbulent Rayleigh-Bénard convection[J]. Journal of Turbulence, 2006, 7: 1-10.

[64] BROWN E, FUNFSCHILLING D, NIKOLAENKO A, et al. Heat transport by turbulent Rayleigh-Bénard convection: Effect of finite top and bottom conductivity[J]. Physics of Fluids, 2005, 17: 075108.

[65] WU X Z, LIBCHABER A. Non-boussinesq effects in free thermal convection [J]. Physical Review A, 1991, 43: 2833-2839.

[66] AHLERS G, ARAUJO F F, FUNFSCHILLING D, et al. Non-oberbeck-boussinesq effects in gaseous Rayleigh-Bénard convection[J]. Physical Review Letters, 2007, 98: 054501.

[67] AHLERS G, BROWN E, ARAUJO F F, et al. Non-oberbeck-boussinesq effects in strongly turbulent Rayleigh-Bénard convection[J]. Journal of Fluid Mechanics, 2006, 569: 409-445.

[68] SUGIYAMA K, CALZAVARINI E, GROSSMANN S, et al. Flow organization in non-Oberbeck-Boussinesq Rayleigh-Bénard convection in water[J]. Journal of Fluid Mechanics, 2009, 637: 105-135.

[69] CHILLà F, RASTELLO M, CHAUMAT S, et al. Long relaxation times and tilt sensitivity in Rayleigh-Bénard turbulence[J]. The European Physical Journal B, 2004, 40: 223-227.

[70] BELMONTE A, TILGNER A, LIBCHABER A. Boundary layer length

scales in thermal turbulence[J]. Physical Review Letters, 1993, 70: 4067-4070.

[71]   XIN Y B, XIA K Q, TONG P. Measured velocity boundary layers in turbulent convection[J]. Physical Review Letters, 1996, 77: 1266-1269.

[72]   LUI S L, XIA K Q. Spatial structure of the thermal boundary layer in turbulent convection[J]. Physical Review E, 1998, 57: 5494-5503.

[73]   WANG J, XIA K Q. Spatial variations of the mean and statistical quantities in the thermal boundary layers of turbulent convection[J]. The European Physical Journal B, 2003, 32: 127-136.

[74]   SUN C, ZHOU Q, XIA K Q. Cascades of velocity and temperature fluctuations in buoyancy-driven thermal turbulence[J]. Physical Review Letters, 2006, 97: 144504.

[75]   SUN C, CHEUNG Y H, XIA K Q. Experimental studies of the viscous boundary layer properties in turbulent Rayleigh-Bénard convection[J]. Journal of Fluid Mechanics, 2008, 605: 79-113.

[76]   ZHOU Q, XIA K Q. Measured instantaneous viscous boundary layer in turbulent Rayleigh-Bénard convection[J]. Physical Review Letters, 2010, 104: 104301.

[77]   AHLERS G, BODENSCHATZ E, FUNFSCHILLING D, et al. Logarithmic temperature profiles in turbulent Rayleigh-Bénard convection[J]. Physical Review Letters, 2012, 109: 114501.

[78]   SHISHKINA O, THESS A. Mean temperature profiles in turbulent Rayleigh-Bénard convection of water[J]. Journal of Fluid Mechanics, 2009, 633: 449-460.

[79]   STEVENS R J A M, VERZICCO R, LOHSE D. Radial boundary layer structure and Nusselt number in Rayleigh-Bénard convection[J]. Journal of Fluid Mechanics, 2010, 643: 495-507.

[80]   JELLINEK A M, MANGA M. Links between long-lived hot spots, mantle plumes, D, and plate tectonics[J]. Reviews of Geophysics, 2004, 42: RG3002.

[81]   ZHOU Q, XIA K Q. Physical and geometrical properties of thermal plumes in turbulent Rayleigh-Bénard convection[J]. New Journal of Physics, 2010, 12: 075006.

[82]   VAN DER POEL E P, VERZICCO R, GROSSMANN S, et al. Plume emission statistics in turbulent Rayleigh-Bénard convection[J]. Journal of Fluid Mechanics, 2015, 772: 5-15.

[83]   KRISHNAMURTI R, HOWARD L N. Large scale flow generation in turbulent convection[J]. Proceedings of The National Academy of Sciences of The

United States of America, 1981, 78: 1981-1985.

[84] FUNFSCHILLING D, AHLERS G. Plume motion and large scale circulation in a cylindrical Rayleigh-Bénard cell[J]. Physical Review Letters, 2004, 92: 194502.

[85] XIA K Q, SUN C, ZHOU S Q. Particle image velocimetry measurement of the velocity field in turbulent thermal convection[J]. Physical Review E, 2003, 68: 066303.

[86] BROWN E, NIKOLAENKO A, AHLERS G. Reorientation of the large-scale circulation in turbulent Rayleigh-Bénard convection[J]. Physical Review Letters, 2005, 95: 084503.

[87] BROWN E, AHLERS G. Rotations and cessations of the large-scale circulation in turbulent Rayleigh-Bénard convection[J]. Journal of Fluid Mechanics, 2006, 568: 351-386.

[88] XIE Y C, WEI P, XIA K Q. Dynamics of the large-scale circulation in high-Prandtl-number turbulent thermal convection[J]. Journal of Fluid Mechanics, 2013, 717: 322-346.

[89] XI H D, LAM S, XIA K Q. From laminar plumes to organized flows: The onset of large-scale circulation in turbulent thermal convection[J]. Journal of Fluid Mechanics, 2004, 503: 47-56.

[90] SUGIYAMA K, NI R, STEVENS R J A M, et al. Flow reversals in thermally driven turbulence[J]. Physical Review Letters, 2010, 105: 034503.

[91] XI H D, XIA K Q. Cessations and reversals of the large-scale circulation in turbulent thermal convection[J]. Physical Review E, 2007, 75: 066307.

[92] BROWN E, AHLERS G. Large-scale circulation model for turbulent Rayleigh-Bénard convection[J]. Physical Review Letters, 2007, 98: 134501.

[93] PROUDMAN J. On the motion of solids in a liquid possessing vorticity[J]. Proceedings of the Royal Society of London(Series A), 1916, 92: 408-424.

[94] TAYLOR G I. Experiments with rotating fluids[J]. Proceedings of the Royal Society of London(Series A), 1921, 100: 114-121.

[95] TAYLOR G I. Experiments on the motion of solid bodies in rotating fluids [J]. Proceedings of the Royal Society of London(Series A), 1923, 104: 213-218.

[96] LIU Y, ECKE R E. Heat transport scaling in turbulent Rayleigh-Bénard convection: effects of rotation and Prandtl number[J]. Physical Review Letters, 1997, 79: 2257-2260.

[97] ZHONG J Q, STEVENS R J A M, CLERCX H J H, et al. Prandtl-, Rayleigh, and Rossby-number dependence of heat transport in turbulent

rotating Rayleigh-Bénard convection[J]. Physical Review Letters, 2009, 102: 044502.

[98] JULIEN K, LEGG S, MCWILLIAMS J, et al. Rapidly rotating turbulent Rayleigh-Bénard convection[J]. Journal Fluid Mechanics, 1996, 322: 243-273.

[99] KUNNEN R P J, CLERCX H J H, GEURTS B J. Heat flux intensification by vortical flow localization in rotating convection[J]. Physical Review E, 2006, 74: 056306.

[100] KUNNEN R P J, CLERCX H J H, GEURTS B J. Breakdown of large-scale circulation in turbulent rotating convection[J]. Europhysics Letters, 2008, 84: 24001.

[101] JULIEN K, AURNOU J M, CALKINS M A, et al. A nonlinear model for rotationally constrained convection with Ekman pumping[J]. Journal of Fluid Mechanics, 2016, 798: 50-87.

[102] KING E M, AURNOU J M. Thermal evidence for Taylor columns in turbulent rotating Rayleigh-Bénard convection[J]. Physical Review E, 2012, 85: 016313.

[103] HORN S, AURNOU J M. Regimes of Coriolis-centrifugal convection[J]. Physical Review Letters 2018, 120: 204502.

[104] 王青平, 白武明, 王洪亮. 瑞利数对热对流的影响：在地幔柱中的应用[J]. 地球物理学报, 2011, 54: 1566-1574.

[105] LEWIS G M, NAGATA W. Linear stability analysis for the differentially heated rotating annulus[J]. Geophysical and Astrophysical Fluid Dynamics, 2004, 98: 129-152.

[106] BUSSE F H, CARRIGAN C R. Convection induced by centrifugal buoyancy [J]. Journal of Fluid Mechanics, 1974, 62: 579-592.

[107] HIDE R, MASON P. Sloping convection in a rotating fluid[J]. Advances in Physics, 1975, 24: 47-100.

[108] CASTREJÓN-PITA A A, READ P L. Baroclinic waves in an air-filled thermally driven rotating annulus[J]. Physical Review E, 2007, 75: 026301.

[109] VINCZE M, BORCHERT S, ACHATZ U, et al. Benchmarking in a rotating annulus: A comparative experimental and numerical study of baroclinic wave dynamics[J]. Meteorologische Zeitschrift, 2015, 23: 611-635.

[110] RANDRIAMAMPIANINA A, FRÜH W G, READ P L, et al. Direct numerical simulations of bifurcations in an air-filled rotating baroclinic annulus[J]. Journal of Fluid Mechanics, 2006, 561: 359-389.

[111] READ P L, MAUBERT P, RANDRIAMAMPIANINA A, et al. Direct

numerical simulation of transitions towards structural vacillation in an air-filled, rotating, baroclinic annulus[J]. Physics of Fluids, 2008, 20: 044107.

[112] PITZ D B, MARXEN O, CHEW J W. Onset of convection induced by centrifugal buoyancy in a rotating cavity[J]. Journal of Fluid Mechanics, 2017, 826: 484-502.

[113] BOHN D, DEUKER E, EMUNDS R, et al. Experimental and theoretical investigations of heat transfer in closed gas-filled rotating annuli[J]. Journal of Turbomachinery, 1995, 117: 175-183.

[114] 刘传凯, 丁水汀, 陶智. 旋转附加力对方通道内流动与换热的影响机理[J]. 北京航空航天大学学报, 2009, 35: 276-279.

[115] 魏宽, 陶智, 邓宏武, 等. 旋转状态下方形通道内部流场特性热线实验[J]. 航空动力学报, 2016, 31: 2635-2640.

[116] 由儒全, 李海旺, 魏宽, 等. 旋转光滑直通道湍流流动二维热线实验[J]. 航空动力学报, 2017, 32: 1577-1584.

[117] SHANG X D, QIU X L, TONG P, et al. Measured local heat transport in turbulent Rayleigh-Bénard convection[J]. Physical Review Letters, 2003, 90: 074501.

[118] DU Y B, TONG P. Turbulent thermal convection in a cell with ordered rough boundaries[J]. Journal of Fluid Mechanics, 2000, 407: 57-84.

[119] SHISHKINA O, WAGNER C. Modelling the influence of wall roughness on heat transfer in thermal convection[J]. Journal of Fluid Mechanics, 2011, 686: 568-582.

[120] SALORT J, LIOT O, RUSAOUEN E, et al. Thermal boundary layer near roughnesses in turbulent Rayleigh-Bénard convection: Flow structure and multistability[J]. Physics of Fluids, 2014, 26: 015112.

[121] CILIBERTO S, LAROCHE C. Random roughness of boundary increases the turbulent convection scaling exponent[J]. Physical Review Letters, 1999, 82: 3998-4001.

[122] XIE Y C, XIA K Q. Turbulent thermal convection over rough plates with varying roughness geometries[J]. Journal of Fluid Mechanics, 2017, 825: 573-599.

[123] ZHU X J, STEVENS R J A M, VERZICCO R, et al. Roughness-facilitated local 1/2 scaling does not imply the onset of the ultimate regime of thermal convection[J]. Physical Review Letters, 2017, 119: 154501.

[124] TOPPALADODDI S, SUCCI S, WETTLAUFER J S. Roughness as a route to the ultimate regime of thermal convection[J]. Physical Review Letters, 2017, 118: 074503.

[125] 王文博. 粗糙表面在热对流中对传热弱化的实验研究[D]. 深圳: 哈尔滨工业大学 (深圳校区), 2019.

[126] ZHANG Y Z, SUN C, BAO Y, et al. How surface roughness reduces heat transport for small roughness heights in turbulent Rayleigh-Bénard convection[J]. Journal of Fluid Mechanics, 2018, 832: R2.

[127] VAN DER POEL E P, OSTILLA-MÓNICO R, DONNERS J, et al. A pencil distributed finite difference code for strongly turbulent wall-bounded flows [J]. Computers & Fluids, 2015, 116: 10-16.

[128] ZHU X J, PHILLIPS E, SPANDAN V, et al. Afid-gpu: A versatile Navier-Stokes solver for wall-bounded turbulent flows on gpu clusters[J]. Computer Physics Communications, 2018, 229: 199-210.

[129] FADLUN E A, VERZICCO R, ORLANDI P, et al. Combined immersed-boundary finite-difference methods for three-dimensional complex flow simulations[J]. Journal of Computational Physics, 2000, 161: 35-60.

[130] STEINHART J S, HART S R. Calibration curves for thermistors[J]. Deep Sea Research and Oceanographic Abstracts, 1968, 15: 497-503.

[131] SUN C. Experimental investigation of convective thermal turbulence[Z]. Hong Kong: The Chinese University of Hong Kong, 2006.

[132] SUN C, ZHOU Q. Experimental techniques for turbulent Taylor-Couette flow and Rayleigh-Bénard convection[J]. Nonlinearity, 2014, 27: R89-R121.

[133] D.FUNFSCHILLING, BROWN E, AHLERS G. Torsional oscillations of the large-scale circulation in turbulent Rayleigh-Bénard convection[J]. Journal of Fluid Mechanics, 2008, 67: 119-139.

[134] LI N, LAIZET S. 2DECOMP&FFT-a highly scalable 2D decomposition library and FFT interface[C]//Edinburgh: Cray User Group 2010 conference, 2010.

[135] SILANO G, SREENIVASAN K R, VERZICCO R. Numerical simulations of Rayleigh-Bénard convection for Prandtl numbers between 10^{-1} and 10^4 and Rayleigh numbers between 10^5 and 10^9[J]. Journal of Fluid Mechanics, 2010, 662: 409-446.

[136] KUNNEN R P J, GEURTS B J, CLERCX H J H. Experimental and numerical investigation of turbulent convection in a rotating cylinder[J]. Journal of Fluid Mechanics, 2010, 642: 445-476.

[137] KUNNEN R P J, STEVENS R J A M, OVERKAMP J, et al. The role of Stewartson and Ekman layers in turbulent rotating Rayleigh-Bénard convection[J]. Journal of Fluid Mechanics, 2011, 688: 422-442.

[138] PESKIN C S. Flow patterns around heart valves: A numerical method[J].

Journal of Computational Physics, 1972, 10: 252-271.

[139] ROUHI A, LOHSE D, MARUSIC I, et al. Coriolis effect on centrifugal buoyancy-driven convection in a thin cylindrical shell[J]. Journal of Fluid Mechanics, 2021, 910: A32.

[140] VAN DER POEL E P, STEVENS R J A M, LOHSE D. Comparison between two- and three- dimensional Rayleigh-Bénard convection[J]. Journal of Fluid Mechanics, 2013, 736: 177-194.

[141] VAN DER POEL E P, STEVENS R J A M, LOHSE D. Connecting flow structures and heat flux in turbulent Rayleigh-Bénard convection[J]. Physical Review E, 2011, 84: 045303(R).

[142] VAN DER POEL E P, STEVENS R J A M, LOHSE D. Flow states in two-dimensional Rayleigh-Bénard convection as a function of aspect-ratio and Rayleigh number[J]. Physics of Fluids, 2012, 24: 085104.

[143] HUISMAN S G, VAN DER VEEN R C A, SUN C, et al. Multiple states in highly turbulent Taylor-Couette flow[J]. Nature Communications, 2014, 5: 3820.

[144] VON HARDENBERG J, GOLUSKIN D, PROVENZALE A, et al. Generation of large-scale winds in horizontally anisotropic convection[J]. Physical Review Letters, 2015, 115: 134501.

[145] ZHU X J, VERSCHOOF R A, BAKHUIS D, et al. Wall roughness induces asymptotic ultimate turbulence[J]. Nature Physics, 2018, 14: 417-423.

[146] GROSSMANN S, LOHSE D. Multiple scaling in the ultimate regime of thermal convection[J]. Physics of Fluids, 2011, 23: 045108.

[147] HE X Z, FUNFSCHILLING D, BODENSCHATZ E, et al. Heat transport by turbulent Rayleigh-Bénard convection for $Pr \approx 0.8$ and $4 \times 10^{11} \lesssim Ra \lesssim 2 \times 10^{14}$: Ultimate-state transition for aspect ratio $\Gamma = 1.00$[J]. New Journal of Physics, 2012, 14: 063030.

[148] YANG Y H, ZHU X, WANG B F, et al. Experimental investigation of turbulent Rayleigh-Bénard convection of water in a cylindrical cell: The Prandtl number effects for $Pr > 1$[J]. Physics of Fluids, 2020, 32: 015101.

[149] SCHEEL J D, SCHUMACHER J. Local boundary layer scales in turbulent Rayleigh-Bénard convection[J]. Journal of Fluid Mechanics, 2014, 758: 344-373.

[150] LANDAU L, LIFSHITZ E. Chapter Ⅲ - turbulence[M]//Fluid Mechanics. 2nd edition. Oxford: Pergamon, 1987: 95 - 156.

[151] POPE S B. Chapter 7 - wall flows[M]//Turbulent Flows. Cambridge: Cambridge University Press, 2000: 269 - 271.

[152] YAGLOM A M. Similarity laws for constant-pressure and pressure-gradient turbulent wall flows[J]. Annual Review of Fluid Mechanics, 1979, 11: 505-540.

[153] ROCHE P E, CASTAING B, CHABAUD B, et al. Observation of the 1/2 power law in Rayleigh-Bénard convection[J]. Physical Review E, 2001, 63: 045303.

[154] WAGNER S, SHISHKINA O. Heat flux enhancement by regular surface roughness in turbulent thermal convection[J]. Journal of Fluid Mechanics, 2015, 763: 109-135.

[155] SMOLUCHOWSKI M V. Experimentally demonstrable molecular phenomena contradicting convectional thermodynamics[J]. Physikalische Zeitschrift, 1912, 13: 1069-1080.

[156] FEYNMAN R P, LEIGHTON R B, SANDS M. The Feynman lectures on physics: Volume 1[M]. Boston: Addison-Wesley, 1963.

[157] ESHUIS P, VAN DER WEELE K, LOHSE D, et al. Experimental realization of a rotational ratchet in a granular gas[J]. Physical Review Letters, 2010, 104: 248001.

[158] LINKE H, ALEMÁN B J, MELLING L D, et al Self-propelled Leidenfrost droplets[J]. Physical Review Letters, 2006, 96: 154502.

[159] LAGUBEAU G, MERRER M L, CLANET C, et al. Leidenfrost on a ratchet [J]. Nature Physics, 2011, 7: 395-398.

[160] PRAKASH M, QUÉRÉ D, BUSH J W M. Surface tension transport of prey by feeding shorebirds: The capillary ratchet[J]. Science, 2008, 320: 931-934.

[161] VAN OUDENAARDEN A, BOXER S G. Brownian ratchets: Molecular separations in lipid bilayers supported on patterned arrays[J]. Science, 1999, 285: 1046-1048.

[162] HÄNGGI P, MARCHESONI F. Artificial brownian motors: Controlling transport on the nanoscale[J]. Reviews of Modern Physics, 2009, 81: 387-442.

[163] SUGIYAMA K, NI R, STEVENS R J A M, et al. Flow reversals in thermally driven turbulence[J]. Physical Review Letters, 2010, 105: 034503.

[164] NI R, HUANG S D, XIA K Q. Reversals of the large-scale circulation in quasi-2D Rayleigh-Bńard convection[J]. Journal of Fluid Mechanics, 2015, 778: R5.

[165] HUANG S D, WANG F, XI H D, et al. Comparative experimental study of fixed temperature and fixed heat flux boundary conditions in turbulent thermal convection[J]. Physical Review Letters, 2015, 115: 154502.

[166] ZHU X J, VERZICCO R, LOHSE D. Disentangling the origins of torque enhancement through wall roughness in Taylor-Couette turbulence[J]. Journal of Fluid Mechanics, 2017, 812: 279-293.

[167] SHISHKINA O, GROSSMANN S, LOHSE D. Heat and momentum transport scalings in horizontal convection[J]. Geophys Research Letters, 2016, 43: 1219-1225.

[168] HUANG S D, KACZOROWSKI M, NI R, et al. Confinement-induced heat-transport enhancement in turbulent thermal convection[J]. Physical Review Letters, 2013, 111: 104501.

[169] BATCHELOR G K. Heat transfer by free convection across a closed cavity between vertical boundaries at different temperatures[J]. Quarterly of Applied Mathematics, 1954, 12: 209-233.

[170] PATTERSON J, IMBERGER J. Unsteady natural convection in a rectangular cavity[J]. Journal of Fluid Mechanics, 1980, 100(1): 65-86.

[171] PAOLUCCI S, CHENOWETH D R. Transition to chaos in a differentially heated vertical cavity[J]. Journal of Fluid Mechanics, 1989, 201: 379-410.

[172] XIN S H, LE QUÉRÉ P. Direct numerical simulations of two-dimensional chaotic natural convection in a differentially heated cavity of aspect ratio 4 [J]. Journal of Fluid Mechanics, 1995, 304: 87-118.

[173] DOL H, HANJALIC K. Computational study of turbulent natural convection in a side-heated near-cubic enclosure at a high Rayleigh number[J]. International Journal of Heat and Mass Transfer, 2001, 44: 2323-2344.

[174] XU F, PATTERSON J C, LEI C W. Transient natural convection flows around a thin fin on the sidewall of a differentially heated cavity[J]. Journal of Fluid Mechanics, 2009, 639: 261-290.

[175] DOU H S, JIANG G. Numerical simulation of flow instability and heat transfer of natural convection in a differentially heated cavity[J]. International Journal of Heat and Mass Transfer, 2016, 103: 370-381.

[176] BELLEOUD P, SAURY D, LEMONNIER D. Coupled velocity and temperature measurements in an air-filled differentially heated cavity at $Ra=1.2\times10^{11}$[J]. International Journal of Thermal Sciences, 2018, 123: 151-161.

[177] 徐丰, 崔会敏. 侧加热腔内的自然对流[J]. 力学进展, 2014, 1: 36-64.

[178] NG C S, OOI A, LOHSE D, et al. Vertical natural convection: Application of the unifying theory of thermal convection[J]. Journal of Fluid Mechanics, 2015, 764: 349-361.

[179] NG C S, OOI A, LOHSE D, et al. Changes in the boundary-layer structure

at the edge of the ultimate regime in vertical natural convection[J]. Journal of Fluid Mechanics, 2017, 825: 550-572.

[180] NG C S, OOI A, LOHSE D, et al. Bulk scaling in wall-bounded and homogeneous vertical natural convection[J]. Journal of Fluid Mechanics, 2018, 841: 825-850.

[181] SHISHKINA O. Momentum and heat transport scalings in laminar vertical convection[J]. Physical Review E, 2016, 93: 051102.

[182] TIWARI R K, DAS M K. Heat transfer augmentation in a two-sided lid-driven differentially heated square cavity utilizing nanofluids[J]. International Journal of Heat and Mass Transfer, 2007, 50: 2002-2018.

[183] CORCIONE M. Heat transfer features of buoyancy-driven nanofluids inside rectangular enclosures differentially heated at the sidewalls[J]. International Journal of Thermal Sciences, 2010, 49: 1536-1546.

[184] GUZMÁN D N, XIE Y B, CHEN S Y, et al. Heat-flux enhancement by vapour-bubble nucleation in Rayleigh-Bénard turbulence[J]. Journal of Fluid Mechanics, 2016, 787: 331-366.

[185] GVOZDIĆ B, ALMÉRAS E, MATHAI V, et al. Experimental investigation of heat transport in homogeneous bubbly flow[J]. Journal of Fluid Mechanics, 2018, 845: 226-244.

[186] GVOZDIĆ B, DUNG O Y, ALMÉRAS E, et al. Experimental investigation of heat transport in inhomogeneous bubbly flow[J]. Chemical Engineering Science, 2019, 198: 260-267.

[187] ANDERSON R, BOHN M. Heat transfer enhancement in natural convection enclosure flow[J]. Journal of Heat Transfer, 1986, 108: 330-336.

[188] SHAKERIN S, BOHNR M, LOEHRKE I. Natural convection in an enclosure with discrete roughness elements on a vertical heated wall[J]. International Journal of Heat and Mass Transfer, 1988, 31: 1423-1430.

[189] BHAVNANI S H, BERGLES A E. Natural convection heat transfer from sinusoidal wavy surfaces[J]. Wärme- und Stoffübertragung, 1991, 26: 341-349.

[190] SHI X, KHODADADI J. Laminar natural convection heat transfer in a differentially heated square cavity due to a thin fin on the hot wall[J]. Journal of Heat Transfer, 2003, 125: 624-634.

[191] YOUSAF M, USMAN S. Natural convection heat transfer in a square cavity with sinusoidal roughness elements[J]. International Journal of Heat and Mass Transfer, 2015, 90: 180-190.

[192] JOHNSTON H, DOERING C R. Comparison of turbulent thermal con-

vection between conditions of constant temperature and constant flux[J]. Physical Review Letters, 2009, 102: 064501.

[193] BELMONTE A, TILGNER A, LIBCHABER A. Temperature and velocity boundary layers in turbulent convection[J]. Physical Review E, 1994, 50: 269-279.

[194] ZHU X J, OSTILLA-MONICO R, VERZICCO R, et al. Direct numerical simulation of Taylor-Couette flow with grooved walls: Torque scaling and flow structure[J]. Journal of Fluid Mechanics, 2016, 794: 746-774.

[195] KEATING A, PIOMELLI U, BREMHORST K, et al. Large-eddy simulation of heat transfer downstream of a backward-facing step[J]. Journal of Turbulence, 2004, 5: N20.

[196] CILIBERTO S, CIONI S, LAROCHE C. Large-scale flow properties of turbulent thermal convection[J]. Physical Review E, 1996, 54: R5901-R5904.

[197] SUN C, XI H D, XIA K Q. Azimuthal symmetry, flow dynamics, and heat transport in turbulent thermal convection in a cylinder with an aspect ratio of 0.5[J]. Physical Review Letters, 2005, 95: 074502.

[198] GUO S X, ZHOU S Q, CEN X R, et al. The effect of cell tilting on turbulent thermal convection in a rectangular cell[J]. Journal of Fluid Mechanics, 2015, 762: 273-287.

在学期间发表的学术论文与获奖情况

发表的学术论文

[1] **JIANG H C**, ZHU X J, MATHAI V, et al. Controlling heat transport and flow structures in thermal turbulence using ratchet surfaces. Physical Review Letters, 2018, 120: 044501.（SCI 检索，WOS: 000423431400009，IF: 8.385.）

[2] **JiANG H C**, ZHU X J, MATHAI V, et al. Convective heat transfer along ratchet surfaces in vertical natural convection. Joural of Fluid Mechanics, 2019, 873: 1055-1071.（SCI 检索，WOS: 000473146300001，IF: 3.354.）

[3] **JiANG H C**, ZHU X J, WANG D P, et al. Supergravitational turbulent thermal convection. Science Advances, 2020, 6: eabb8676.（SCI 检索，WOS: 000579157800030，IF: 13.116.）

[4] YI L, LI S, **JiANG H C**, et al. Water entry of spheres into a rotating liquid. Joural of Fluid Mechanics, 2021, 912: R1.（SCI 检索，WOS: 000627421000001，IF: 3.354.）

[5] WANG C, JIANG L F, **JIANG H C**, et al. Heat transfer and flow structure of two-dimensional thermal convection over ratchet surfaces. Joural of Hydrodynamics, 2021, 33, 970-980.（SCI 检索，WOS: 000717995400009，IF: 2.983.）

[6] **JIANG H C**, ZHU X J, MATHAI V, et al. Controlling heat transport and flow structures in thermal turbulence using ratchet surfaces. The 8th International Conference on Rayleigh-Bénard Turbulence, Enschede, the Netherlands, 2018.（国际会议）

[7] **JIANG H C**, ZHU X J, MATHAI V, et al. Convective heat transfer over ratchet surfaces in vertical natural convection. The 71st Annual Meeting of the APS Division of Fluid Dynamics, Atlanta, the USA, 2018.（国际会议）

[8] **JIANG H C**, ZHU X J, WANG D P, et al. Supergravitational turbulent thermal convection. The 73st Annual Meeting of the APS Division of Fluid

Dynamics, Chicago, the USA, 2020.（线上国际会议）

[9] **蒋河川**，朱晓珏，MATHAI V，等. 非对称棘齿结构对湍流传热和流动结构的影响研究，中国力学大会，杭州，中国，2019.（国内会议）

[10] **蒋河川**，朱晓珏，王东璞，等. 旋转超重力驱动的热湍流，中国力学大会，深圳，中国，2020.（国内会议）

获 奖 情 况

[1] 清华大学综合优秀二等奖学金-潍柴动力奖学金，清华大学，2019.

[2] 清华大学"一二·九"辅导员奖，清华大学，2019.

[3] 清华大学优秀学生干部，清华大学，2019.

[4] 国家奖学金，教育部，2020.

[5] 清华大学优秀博士学位论文，清华大学，2021.

[6] 清华大学优秀博士毕业生，清华大学，2021.

致　谢

　　"闲云潭影日悠悠，物换星移几度秋"，记忆中时不时还浮现出高中考试的场景，倏而二十余载求学生涯也将告一段落。回首求学时光，有太多珍贵的人和事值得铭记和感谢。

　　首先，由衷感谢党和国家开创的美好时代，让我有机会从大巴山进入清华大学接受高等教育，在最美的年华，在师、长、亲、爱、友的指导与陪伴下，坚信念、学知识、增才干。

　　其次，衷心感谢我的导师孙超教授，带我进入湍流这一令人着迷的学术领域。在 2015 年第一次与孙老师相见时，我就被他对科研的热爱所感染。承蒙孙老师在生活中的关心、在科研中的帮助，以及在为人处世中的指导，我方能理清琐碎生活中的千头万绪，在探索未知的学术道路上勇敢前行。孙老师对科研严谨求实，对生活乐观豁达，对工作勤勉负责的态度深深影响着我，给我树立了一生的榜样。

　　特别感谢美国哈佛大学工程与应用科学学院 Michael P. Brenner 教授在我为期四个月的访美交流学习中提供的帮助和指导。感谢荷兰屯特大学 Detlef Lohse 教授、美国普林斯顿大学 Howard A. Stone 教授、意大利罗马大学 Roberto Verzicco 教授、德国马格德堡大学 Claus-Dieter Ohl 教授、英国剑桥大学 Colm Caulfield 教授、德国马克斯·普朗克科学促进协会 Xiaojue Zhu 助理教授、美国马萨诸塞大学 Varghese Mathai 助理教授、荷兰屯特大学 Sander G. Huisman 助理教授、荷兰屯特大学 Gert-Wim Bruggert 工程师、北京大学杨延涛研究员、上海大学周全教授对我科研工作的指导和帮助，和他们的每一次交流都让我受益匪浅。

　　特别感谢清华大学能动系姜培学教授、吕俊复教授、李水清教授、刘树红教授、罗先武教授、史琳教授、任静教授，燃烧中心徐海涛教授、杨斌教授、许雪飞副教授、超星助理教授等对我博士课题的指导和建议。感谢系里李政老师、吴玉新老师、刘红老师等对我的关心和指导，感谢课题组吕思佳、蒋林峰、刘爽、王子奇、王东璞、易磊、杨显军等同学的相互扶持，感谢哈佛大学陈宝鸿、金立帅博士在我留学期间的帮助，感谢辅导同志们、热博 16 级的各位同学、燃烧中心的各位同学、能动 6 字班的各位同学的互帮互助、砥砺前行，感谢系友汤云柯师兄、本科辅导员郭政师兄对我成长、发展的指导，感谢杨小松老师、秦发庭老师一直以来的支持与帮助。

感恩父母家人长期以来的支持和鼓励，感谢爱人的体贴和关心，感谢挚友的陪伴和激励，感谢大家共同为我编织的温暖港湾。

本课题承蒙国家自然科学基金（科学中心项目 11988102，重点项目 91852202，中-德国际合作项目 11861131005，和面上项目 11672156）的资助，特此致谢。

感谢自己从未停下前进的步伐，学海无涯，吾将不忘初心继续求索。

蒋河川

2021 年 5 月

于北京